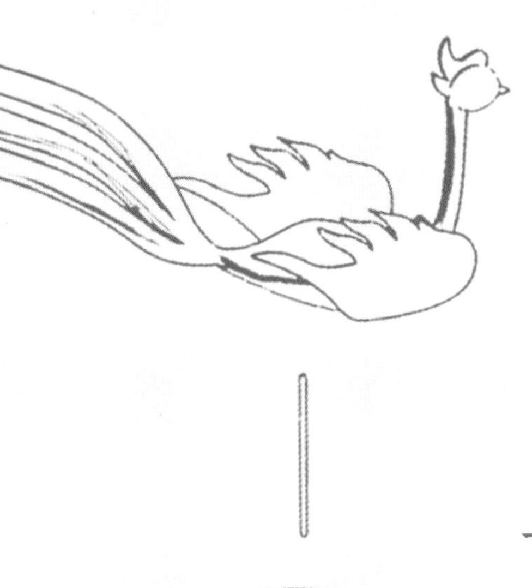

一只
早飞千年的鸟

中国古代气象
观测与测量科技

黄　卫　著
黄缨童　绘

清華大學出版社
北　京

图书在版编目（CIP）数据

一只早飞千年的鸟：中国古代气象观测与测量科技 /黄卫著；黄缨童绘. — 北京：清华大学出版社，2022.1
ISBN 978-7-302-59492-5

Ⅰ. ①一… Ⅱ. ①黄… ②黄… Ⅲ. ①气象观测—中国—古代 Ⅳ. ①P41-092

中国版本图书馆CIP数据核字（2021）第226689号

责任编辑：刘　杨
封面设计：意匠文化・丁奔亮
责任校对：王淑云
责任印制：杨　艳

出版发行：清华大学出版社
网　　址：http://www.tup.com.cn, http://www.wqbook.com
地　　址：北京清华大学学研大厦A座　　邮　　编：100084
社 总 机：010-62770175　　邮　　购：010-62786544
投稿与读者服务：010-62776969, c-service@tup.tsinghua.edu.cn
质量反馈：010-62772015, zhiliang@tup.tsinghua.edu.cn
印 装 者：小森印刷（北京）有限公司
经　　销：全国新华书店
开　　本：200mm × 254mm　　印　　张：15.75　　字　　数：286千字
版　　次：2022年1月第1版　　印　　次：2022年1月第1次印刷
定　　价：128.00元

产品编号：091826-01

献给　黄祖荫先生　陈育湖女士

风雨雷霆

四时寒暑

己亥起心动念

辛丑书写描绘

司天观象

风云升腾入轨

序

闪耀的中国古代气象观测与测量科技

我国是历史悠久的文明古国，也是人类气象知识的重要发源地。我们的祖先在创造光辉灿烂历史文明的同时，也在不断思考和探索宇宙以及天人关系。

中华民族对大气现象的观测、探索由来已久，中国是世界上最早进行观云测天的国家之一。早在3000多年前的我国殷代甲骨文中，已有表达风、云、虹、雨、雪、雨夹雪等大气现象的文字记载。中国古代气象观测的科学和技术一直处在世界领先水平，对世界气象科学的形成与技术的发展作出过历史性的重大贡献。

习近平总书记强调："科技创新、科学普及是实现创新发展的两翼，要把科学普及放在与科技创新同等重要的位置。"当前，我国所出版的关于中国古代重要科技发明创造的科普图书中，专门介绍中国古代气象观测和测量科技的图书不多。《一只早飞千年的鸟：中国古代气象观测与测量科技》（以下简称《一只早飞千年的鸟》）在此时出版，其意义不言而喻。

《一只早飞千年的鸟》这本科普图书选题新颖。这是一本较为详细地介绍中国古代气象观测和测量科技的科普图书，让公众多一个角度了解中华文明和科学技术碰撞出的气象领域的伟大成就，以气象文化自信助力气象探测强国新征程。

《一只早飞千年的鸟》这本科普图书内容充实。书中以讲述中国古代气候观测和测量科技在世界气象科技史上的先进性为主，并观想当时的历史及人物背景，以文字结合多样、直观的信息图展现相风铜乌、天池测雨、从“琴弦测湿”到“挂炭天平”再到“鹿筋吸湿”、别有妙用的十二琯律、洛阳灵台等各种观测和测量的装置和科技。考证并整合了中国古诗词、古书、科学文献等中关于中国古代气象的文字，将中国古代气象观测与测量科技带到读者面前。同时，书中还对同时代世界气象观测与测量科技的成就做了相对完整的呈现和对比。

《一只早飞千年的鸟》这本科普图书设计用心。裸脊和护封的装帧形式，便于读者摊开内文看书中大图。全书从封面到内文，主题色调一致，由青铜时代幻化出了典雅大气的铜绿、梧枝绿、龟背黄、汉白玉和黄昏灰等颜色。在内容的具体呈现形式上，书中将大部分的理性文字和庞杂的史料信息经过深入透彻地分解、梳理、整合，最终转化成了富有想象力、饶有趣味、图文并茂、各为主角的视觉系统设计信息图——这在同类型的气象探测科普图书创作中是少见的。此书依托文字的内在理性逻辑，构建信息结构，形成文字、图像、色彩、符号等视觉形象，以此来介绍气象观测技术、科技装置和科学知识，也使得内容丝毫不枯燥生涩，给读者带来了舒适的视觉和阅读体验。

《一只早飞千年的鸟》这本科普图书，用多维、美观、科学的图解力，展现了以中国数千年文明为基石的中国古代气象科技，及其在全人类认识天气过程中的先进和智慧，也展现了几千年来世界气象科技的进程。相信这本科普图书的公开出版，可以让今天身处更先进世界科技时代的人们在回望历史感受惊艳的同时，更自信地描绘气象科技的未来辉煌画卷。

李良序

中国气象局大气探测中心主任

2021 年 12 月

目 录

CONTENTS

壹

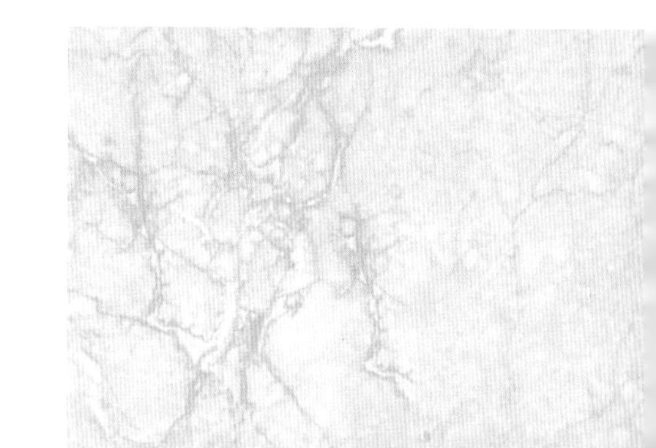

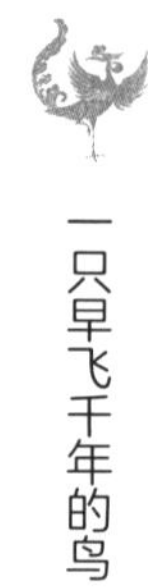

贰

天地之气和则雨

叁

南闪千年 北闪眼前

肆

天且雨 琴弦缓

伍

天无寒暑无时令

陆

仰视俯察天人际

壹 一只早飞千年的鸟

风的观测与测量

解落三秋叶，能开二月花。

过江千尺浪，入竹万竿斜。

唐　李峤

一　金乌负日　向风若翔
风向标——相风铜乌

风之所向

风来去无形却处处留痕，人们看不见风却可以时时感受到风的存在。在气候要素中，风是举足轻重的，事关济时育物。上至帝王，下到百姓无不敬畏这种强大的、来自天空的力量。

先来看看“风”这个字。汉字字体是先民对原始描摹事物的记录方式，每个汉字的演变过程都传递着从古至今对万事万物的认知过程。

在殷商时期（约公元前 1600 年—约前 1046 年）甲骨文的碎片上，“风（凬）”字假借“凤（鳳）”，先民认为风是让鹏鸟展翅的、来自天空的力量。

到战国时期，古人对风的认知又发生了变化。《庄子 · 齐物论》（约公元前 369 年—前 286 年）里就有“夫大块噫气，其名为风”这样的描述。于是篆文的“风”，没有了甲骨文中的鸟的形状。强调天宇中与云、气相似的物质状态，这已经无限接近现代科学对风的注解了。

在气象学上，风的确是指由空气的水平流动形成的一种自然现象。它在大气中的移动是三维的，风向是对风进行量化的一个方面。古人对风向又有怎样的认知呢？

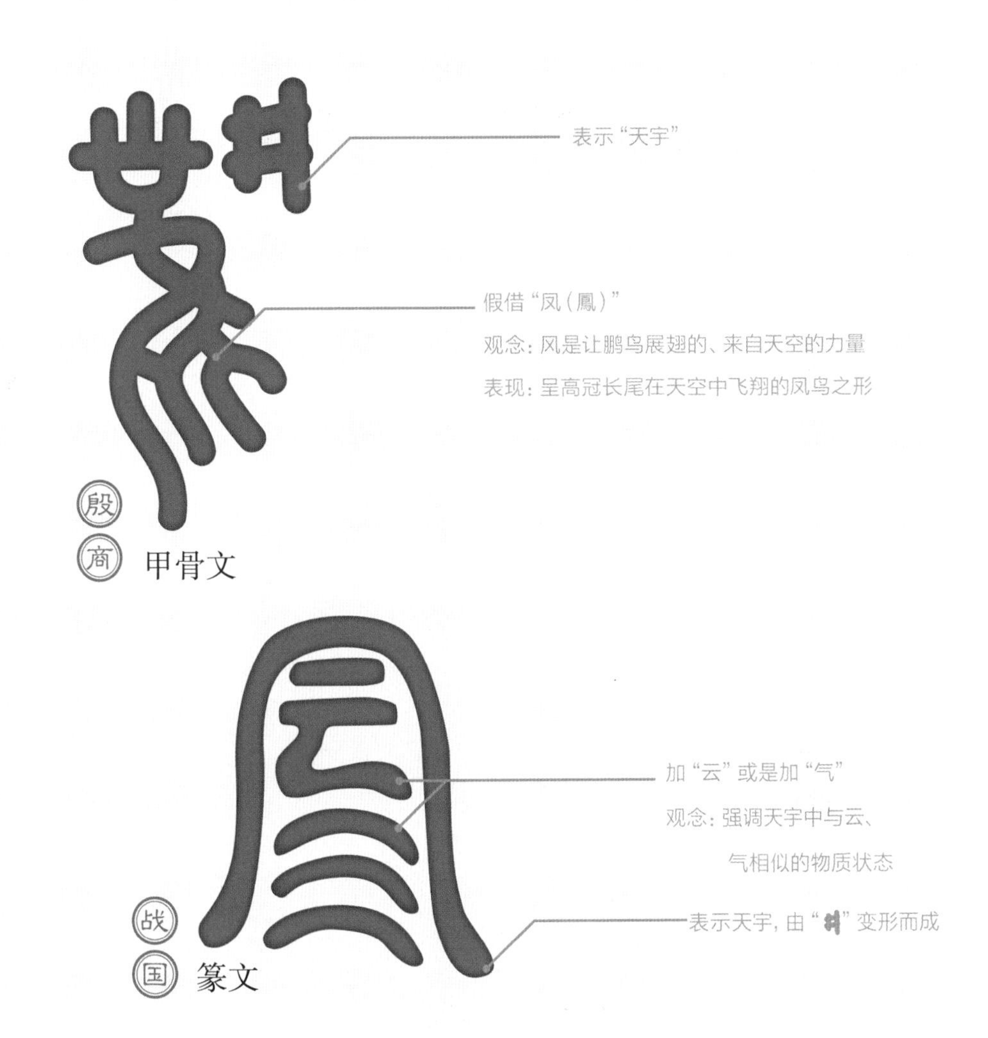
表示“天宇”
假借“风（凰）”
观念：风是让鹏鸟展翅的、来自天空的力量
表现：呈高冠长尾在天空中飞翔的凤鸟之形
殷
商
甲骨文
加“云”或是加“气”
观念：强调天宇中与云、
气相似的物质状态
表示天宇，由“”变形而成
战
国
篆文

甲骨文 四方风（中国国家图书馆藏）

1944 年，胡厚宣先生有《甲骨文四方风名考》一文发表。该文首次揭示了商代卜辞中的四方风名，并与《书 · 尧典》《山海经》《夏小正》《国语》诸典籍中的四方风名相印证。从此，四方风名，开始为世人所瞩目；而四方风名之卜辞，也为甲骨学界所承认。他认为，这片牛肩胛骨上的甲骨文字体遒整，文气古奥，文理通达，应属武丁时期刻辞。这甲骨卜辞中有四方，大约是对风向最早的记载了，与《山海经》中的记载相似。

成书于战国或两汉之间《尔雅 · 释天》的说法，“四方风”是：南方凯风，东方谷风，北方凉风，西方泰风。这里可以看到，以中原为中心视点的四方观念与风的自然特性巧妙地结合为了一体。

古代常以占卜测风决定出行、战争等事宜。西汉刘安（公元前 179 年—前 122 年）在《淮南子 · 齐俗训》中指出：“无须臾之间定矣。”正是古人占卜的需求和对风的流动特性的认识，促成了风向标的发明和使用。

候风之羽

风向标也被称为候风或是相风。为了追寻历史上最早风向标的存在痕迹，研究人员终于在殷墟卜辞中发现了“伣”字的记录，也有专家存异议，认为是“綄”字。而在汉代史籍中对这两个字都有记载。“伣”“綄”就是在长杆上系以帛条或鸟羽而成的简单风向标。候风之羽就是我们迄今为止发现的最早的风向标。

《淮南子 · 齐俗训》：“辟若伣之见风也，无须臾之间定矣。”许慎《淮南子》注曰：“綄，候风也，楚人谓之五两也。”为什么叫“五两”？就是用五两（也有用八两）重的鸡羽毛制成綄挂到旗杆上，即使有一点点风，綄都会动。綄还是古代作战部队必备，李善《文选注》中：“兵书曰：‘凡候风法，以鸡羽重八两，建五丈旗，取羽系其巅，立军营中。’”

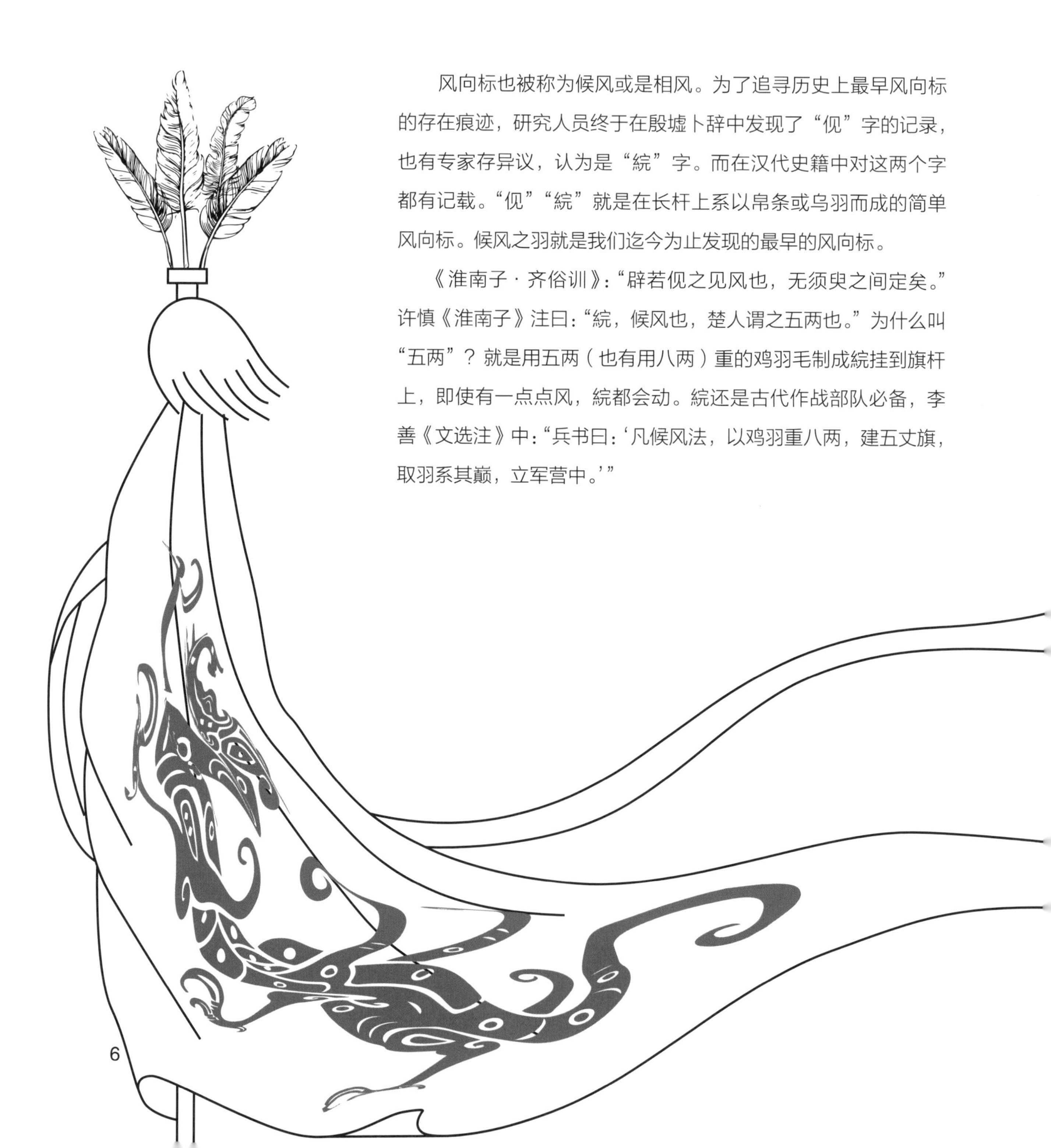

唐代著名天文学家李淳风的《乙巳占 · 候风法》讲了候风之羽的安装方法，谓："凡候风者，必于高迥平原，立五丈长竿，以鸡羽八两为葆，属于竿上，以候风。风吹羽葆平直则占。"尚谓："军旅权设，宜用羽占。"又曰："羽必用鸡，取其属巽。巽者号令之象，鸡有知时之效。羽重八两，以仿八风。竿长五丈，以仿五音。"——除了安装外，这里还点出了风向标同建筑物和使用场景的关联，以及材质。

《淮南子》曰："天欲风，巢居先翔。"古书云："立三丈五尺竿于西方，以鸡羽五两系其端，羽平应占。"然则知长短轻重，取于合宜。竿不必过长，但以出众中不被隐蔽为限，有风即动便可占候。羽毛必五两以上，八两以下，但以羽轻则易平，重则难举。常住安居，宜用乌候；军旅权设，宜用羽占。羽葆之法，先取鸡羽中破之，取其多毛处以细绳逐紧夹之，长短三四尺许，属于竿上。其扶摇、独鹿、四转、五复之风，各以形状占之。(《乙巳占·候风法》)

北周庾季才编撰的《灵台秘苑》一书则讲了候风之羽的原理。这种简易式的风向标是在垂直竖立长竿上系挂用鸡毛编成的扇形羽葆。一种羽葆采用 5 两重的，另一种则采用 8 两重的。当风把系羽葆的绳吹平时，就观察羽葆的飘向，此飘向的相反方向即为风向。

可见，无论是"俔"或"綄"、"五两"或"八两"、还有"羽葆"，都指向古代用羽毛制作的形制简单的风向标，在诸多的诗词里都留下了它们的身影。

樵风送舟綄
梅雨润朝衣
宋 宋敏求

东风满帆来
五两如弓弦
唐 独孤及

朝来著眼沙头认
五两竿摇风色顺
宋 贺铸

十里东风摇羽葆
高低远近万株松
宋 赵汝鐩

相风铜乌

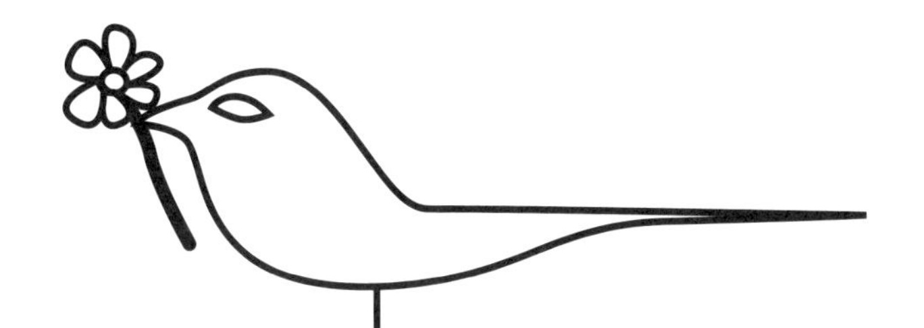

再来看看古代风向标真正的主角，对后世气象仪器有更深远影响的相风铜乌。《乙巳占·候风法》同样对它有所记载，并指出：“常住安居，宜用乌候。”意思是说，如果是居家府邸测风，适合安装相风乌。书中的记载与汉代史籍中记载的“相风铜乌”（乌状铜质的风向标）非常相似。

北周庾季才编撰的《灵台秘苑》一书中也有相关相风乌式样风向标的记载。这是一种改进式的相风木乌，即把木制相风乌胸部连接转枢，转枢插入一空心木管顶着的圆盘中心。在风吹时，木乌的转动带动转枢在圆盘下空木管内转动。由于有粗木管及圆盘的保护，所以转枢不易被风吹折。这个结构很简单，却也要用一些传统文化元素加以修饰，即把木乌腹部到转枢入圆盘中心部分，制成一只乌鸦脚爪，从木乌胸部左右再各制一只脚爪。木乌转动时，胸部两爪均伸向盘外，不与盘接触，却能随木乌一起转动。

北

作为探测气候动向、可测风向的装置，汉殿的相风鸟并不是铜乌，而是凤凰。《三辅黄图 · 汉宫》记载：“建章宫南有玉堂……铸铜凤高五尺，饰黄金栖屋上，下有转枢，向风若翔。”建章宫始建于公元前 104 年，即太初元年。薛综则注：“作铁凤，令张两翼，举头敷尾，以函屋上，当栋中央，下有转枢，常向风如将飞者焉。”这样的描述与目前现存最早的实体风向标（候风仪）完全一致。《三辅黄图》卷四中提及，长安灵台的相风铜乌造于太初四年（公元前 101 年）。可见在汉代，用作风向标的“相风铜乌”或“铜凤”，已发明并被用于气候观察实践。英国著名科学史家李约瑟曾指出，相风鸟“可能就是现代四转杯风向风速仪的先驱”。

(咸阳)

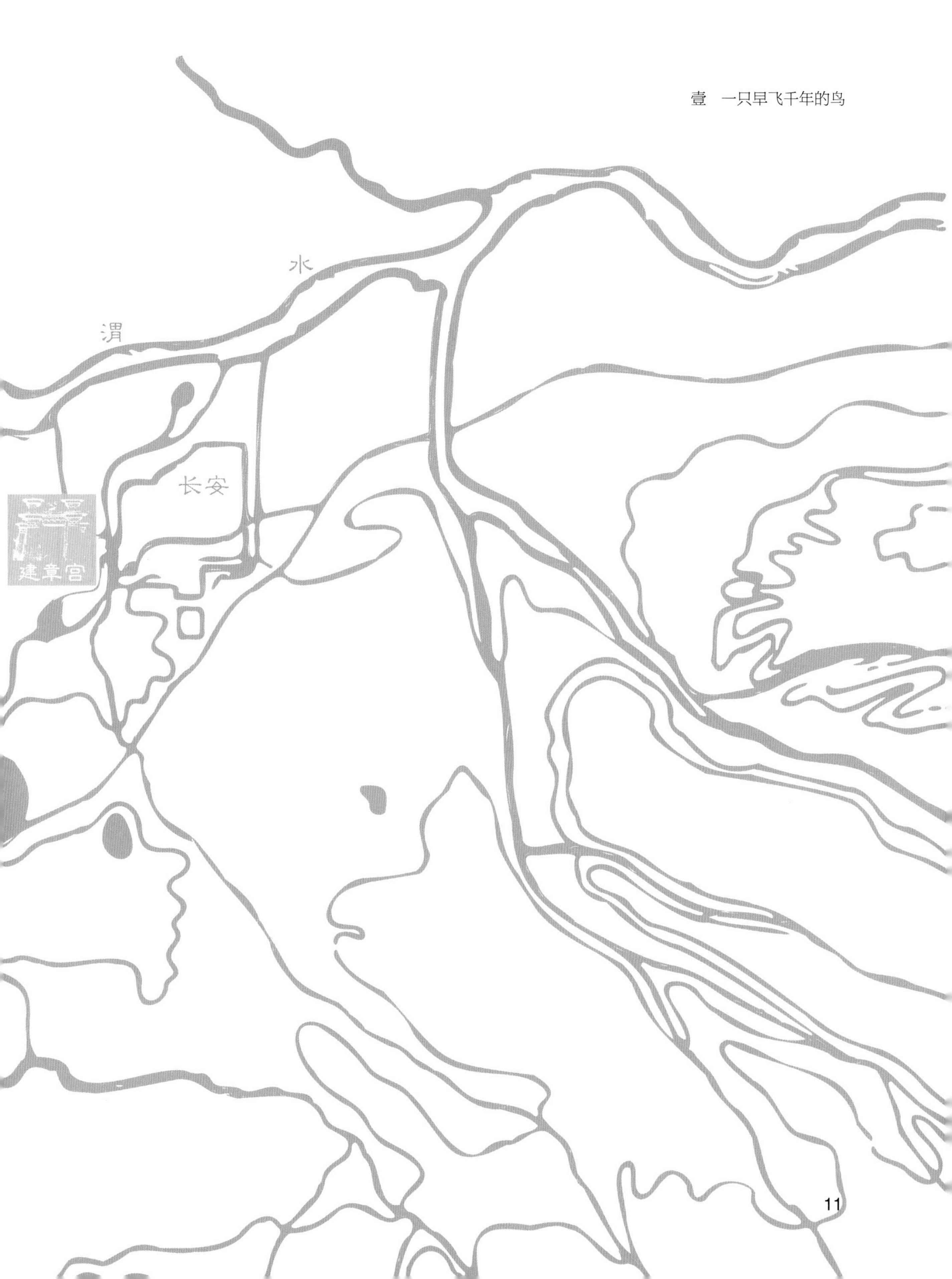
水
渭
长安
建章宫

灵香不下两皇子　孤星直上相风竿

（唐）李商隐

晚来风信好　并发上江船

（唐）张继

屐声惊雉起　风信报梅开

（宋）陆游

鼓移行漏　风转相乌

（南北朝）庾信

风来竟看铜乌转　遥指朱干在半天

（唐）王涯

云里铜乌风作籁　天边金掌露成霜

（宋）宋庠

尧厨萐莆频摇处　汉殿相风未转时

（宋）刘筠

在流传下来的文学作品中出现了大量这种凤鸟形制的风向标，它还有各式别称，比如：风信仪、候风仪、观风鸟、相风鸟、相风铜乌、相乌。为什么相风铜乌成了最后的主角呢？

从旧石器末期到新石器时代，以及夏、商、周时期，先民把鸟作为崇拜祭祀的神，并与大自然天气变化联系起来，这为天文气象风相仪器的产生奠定了历史文化基础。2001 年出土于金沙村，现收藏于成都金沙遗址博物馆的商周太阳神鸟金饰也很好地说明了这一点。

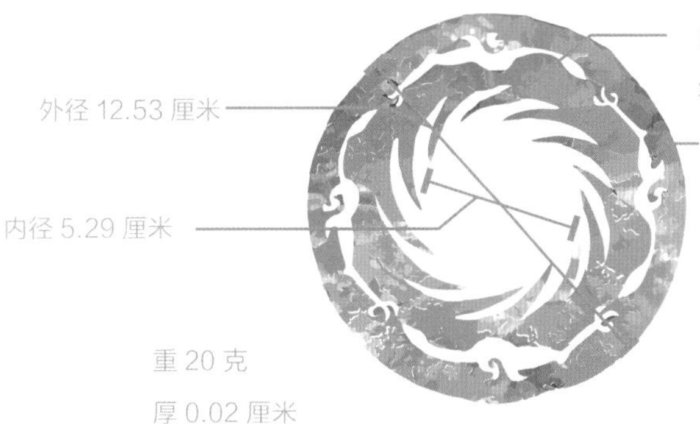

太阳神鸟金饰

已知的相风鸟就有铁凤、金鸡、金鹏、铜乌、金鹅等。或许是对这只代表着太阳的三足乌格外的崇拜，也许是金乌负日的故事太过深入人心，最终相风铜乌（相风乌）代表了所有的相风鸟，成了古代候风仪的代名词。我国的相风鸟比欧洲的风信鸡早飞了近千年，但相风鸟真正起飞的时间会是在公元前 101 年长安灵台建成前的某一年吗？它的踪迹有待我们继续探寻。

教宗之令

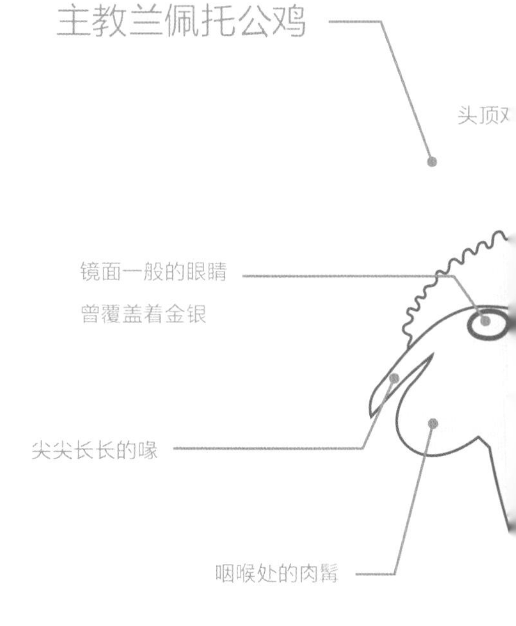

当我们将视线转向当时西方文明中心的欧洲，会发现风信鸡是那里风向标的代表。至今很多欧美国家民宅屋顶上依然有新安装的风向标，只是其形态不再限于鸡，而是千奇百怪、无所不包。

在风向标最初的形态选择上，东西方是非常有默契的。如果说金乌和凤鸟在中国文化里是图腾一样的存在，那么，公鸡在深受基督教文化影响的西方文化中因被赋予了警醒的寓意而同样举足轻重。公元 6 世纪，著名教宗大格里高利就曾说公鸡可以被视为“基督教最为适宜的标志”，因为它“宣告光明战胜了黑暗，生命战胜了死亡”。到了 9 世纪，教宗尼古拉斯一世直接要求每一个教堂尖顶上都要有一个公鸡的形象，以提醒人们悔改、醒悟和坚持信仰。正是基于教宗的命令以及公鸡在西方文化中的传统地位，迄今为止，欧洲许多城市的教堂、塔楼、市政厅的尖顶上都有装饰成公鸡形象的风向标。

我们如今能看到的最早的公鸡形风向标，保存在意大利伦巴第大区圣茱莉亚博物馆，被称为“主教兰佩托公鸡”（Gallo di Ramperto）。这尊黄铜镀银的风向标是在 820 年—830 年制作的，最初被安装在布雷西亚（Brescia）圣福斯蒂诺和乔维塔教堂上。该教堂在 20 世纪下半叶改名为圣安杰拉 · 梅里西教堂。

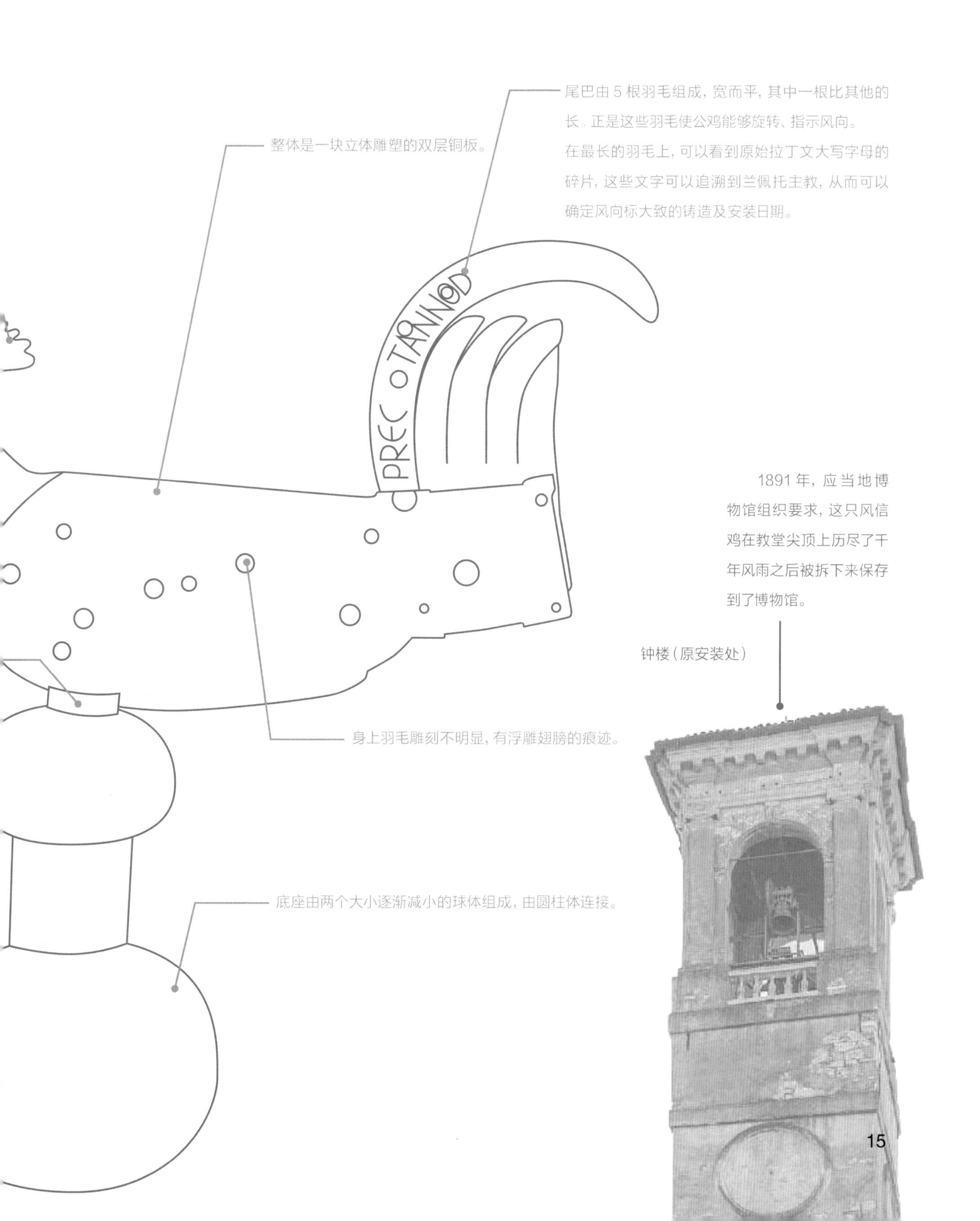
尾巴由 5 根羽毛组成，宽而平，其中一根比其他的长。正是这些羽毛使公鸡能够旋转、指示风向。
在最长的羽毛上，可以看到原始拉丁文大写字母的碎片，这些文字可以追溯到兰佩托主教，从而可以确定风向标大致的铸造及安装日期。
整体是一块立体雕塑的双层铜板。
1891 年，应当地博物馆组织要求，这只风信鸡在教堂尖顶上历尽了千年风雨之后被拆下来保存到了博物馆。
钟楼（原安装处）
身上羽毛雕刻不明显，有浮雕翅膀的痕迹。
底座由两个大小逐渐减小的球体组成，由圆柱体连接。

贝叶挂毯

贝叶挂毯（la tapisserie de Bayeux），创作于 11 世纪。挂毯的绒面以亚麻布为底，图案是由不同颜色的细绒线绣制而成。贝叶挂毯是一件包含绘画艺术的绣品，作为对真实历史事件的记载，它有很高的史料价值；作为艺术品，它是罗马艺术风格的代表作极具审美价值。

贝叶挂毯再现了著名的诺曼征服事件。这是发生于 1066 年的一场外族入侵英国的事件，以诺曼底公爵威廉（约 1028 年—

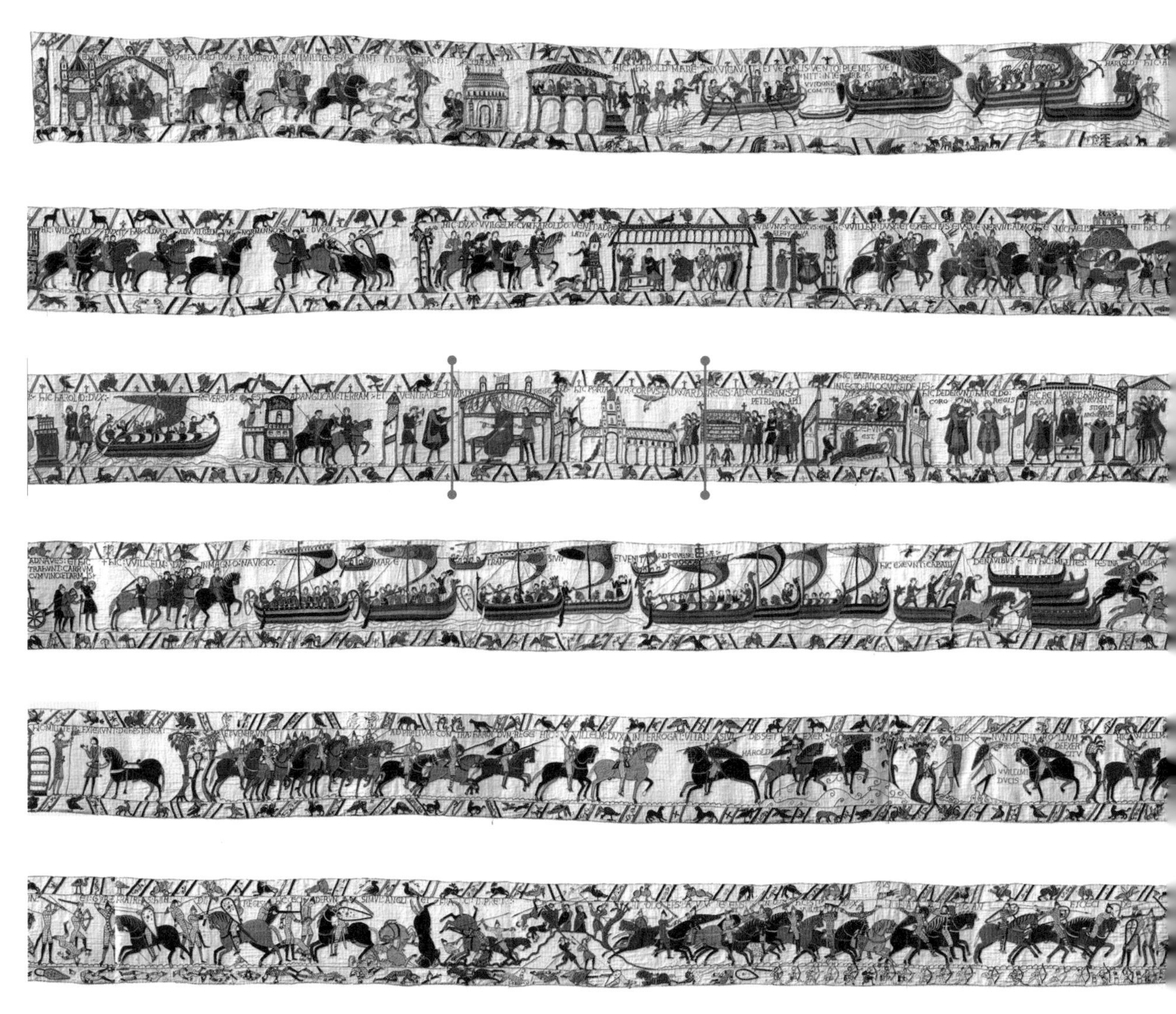

1087 年）为首的法国封建主征服了英国。为了显示自己继承王位的合法性，威廉选择在已故英王爱德华兴建的威斯敏斯特教堂举行加冕典礼。它描述了战役的前后过程，其中包括 1066 年 4 月出现在天空中的哈雷彗星这样的大事件，也出现了风信鸡的踪迹。

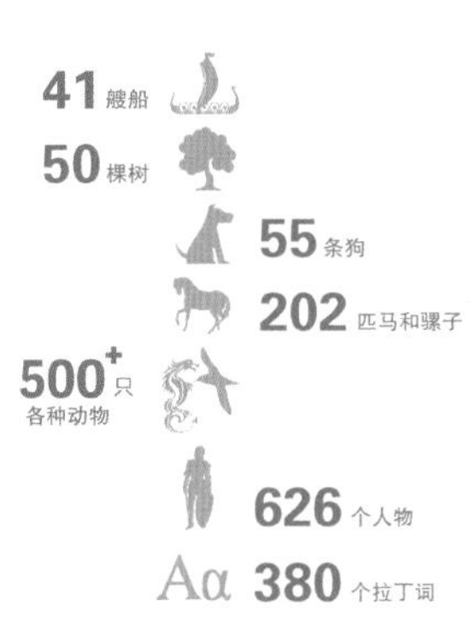

据记载，这件规模宏大的挂毯是征服者威廉同父异母的弟弟贝叶大主教厄德为纪念贝叶圣母大教堂建成，命令手工作坊的女子绣制的，并曾在当时的贝叶圣母大教堂展出。挂毯现藏于法国诺曼底大区贝叶市博物馆。

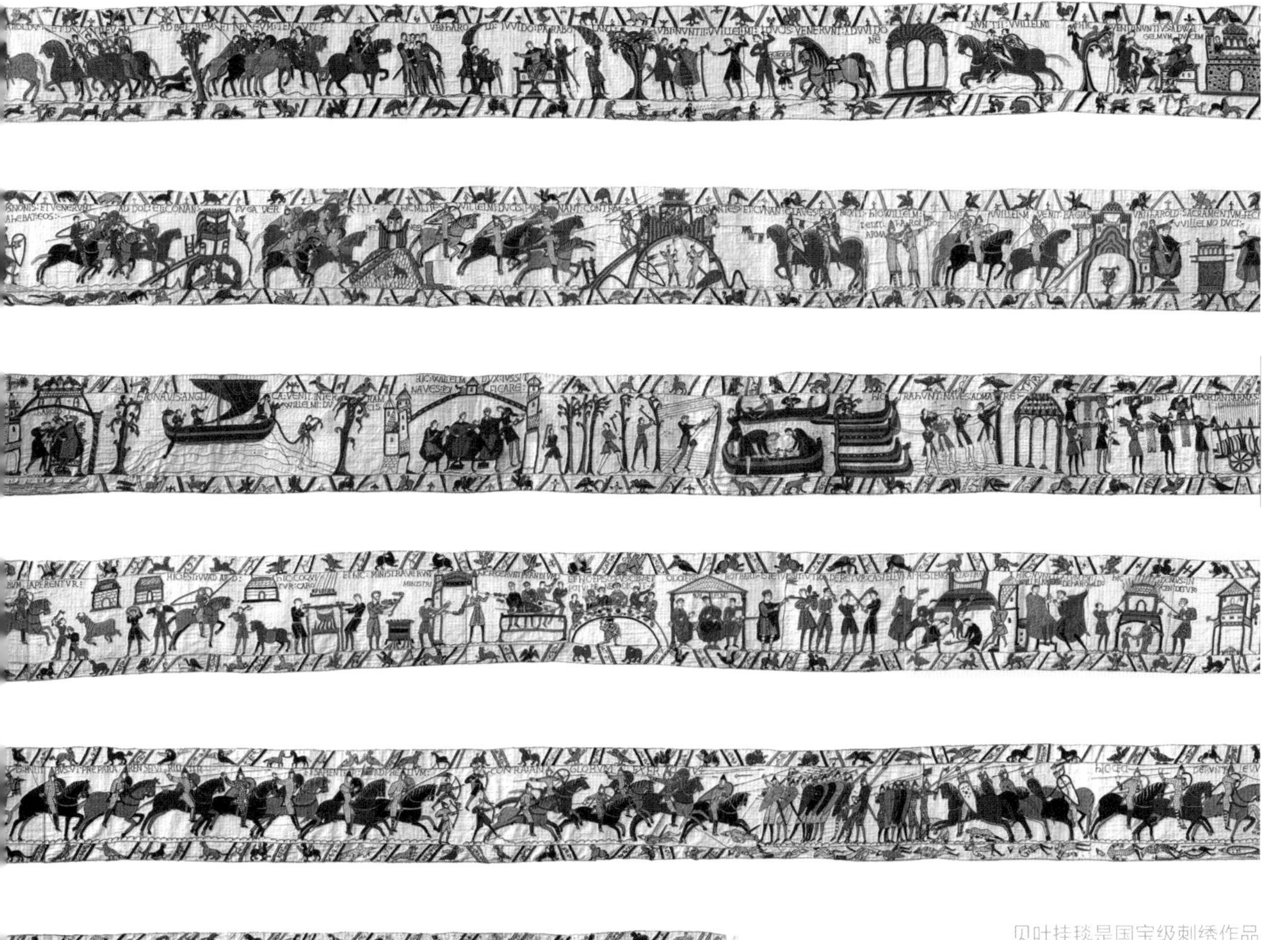

贝叶挂毯是国宝级刺绣作品
被誉为欧洲的“清明上河图”、
世界上最长的连环画
图源：Wikimedia commons

图源：Wikimedia commons

Detail of the Bayeux Tapestry – 11th Century. City of Bayeux

研究者把挂毯分为了 58 个场景，在第 26 个场景上，可以看到威斯敏斯特教堂顶上的风信鸡。

“建成不久的教堂，工人为了他的王，正攀附在教堂左边的高墙之上，他用一只手扶着临近建筑的尖顶，另一手像是在安装风信鸡或是在检测风信鸡的使用情况；他的双脚一只站在墙沿上，另一只则踩着屋脊……”

彼时，他一定不会想到，就在这一年的圣诞日，教堂将迎来新王的加冕。

扫码在线看贝叶挂毯图片。

Représentation numérique officielle de la Tapisserie de Bayeux – XIe siècle. Crédits: Ville de Bayeux, DRAC Normandie, Université de Caen Normandie, CNRS, Ensicaen, Clichés: 2017 – La Fabrique de patrimoines en Normandie

二　安平国　府舍图
瞭望楼顶上的相风鸟

时间定格

一座大墓的存在泄露了那只早飞“鸟儿”的踪迹。

公元 176 年（丙辰年），安平国（东汉的一个小属国）境内，一座大墓随着墓主人的下葬，封存了一笔文化遗产留于后世。大墓的后室顶部书写着“惟熹平五年”，5 个字定格了墓葬内的一切，那一刻起时间停摆。

1800 多年后，大墓赫然面世。墓葬中，相风鸟安静地停驻在中右侧室的北壁壁画上方，像是在等着一阵风，好让它再活过来。这幅壁画被定名为“府舍图”，是按照墓主人生前所占有的居室情况描绘的，画面是一幅规模宏大，庭院重叠错落的鸟瞰图，是迄今为止发现的少有的古代建筑群绘画视角。虽然研究人员也曾发现一些汉代建筑图，但是都不如这一幅显得气魄雄伟，院落繁复，广阔而深远。这幅绘着相风鸟的壁画，不仅是汉代建筑的重要文献，对古代气象科技的研究更具有极高的价值。结合整个墓葬的发掘和研究，相风鸟发明和使用的时间节点被佐证，它必然早于熹平五年。这成为中国古代相风鸟被发明和使用的有力时间依据。

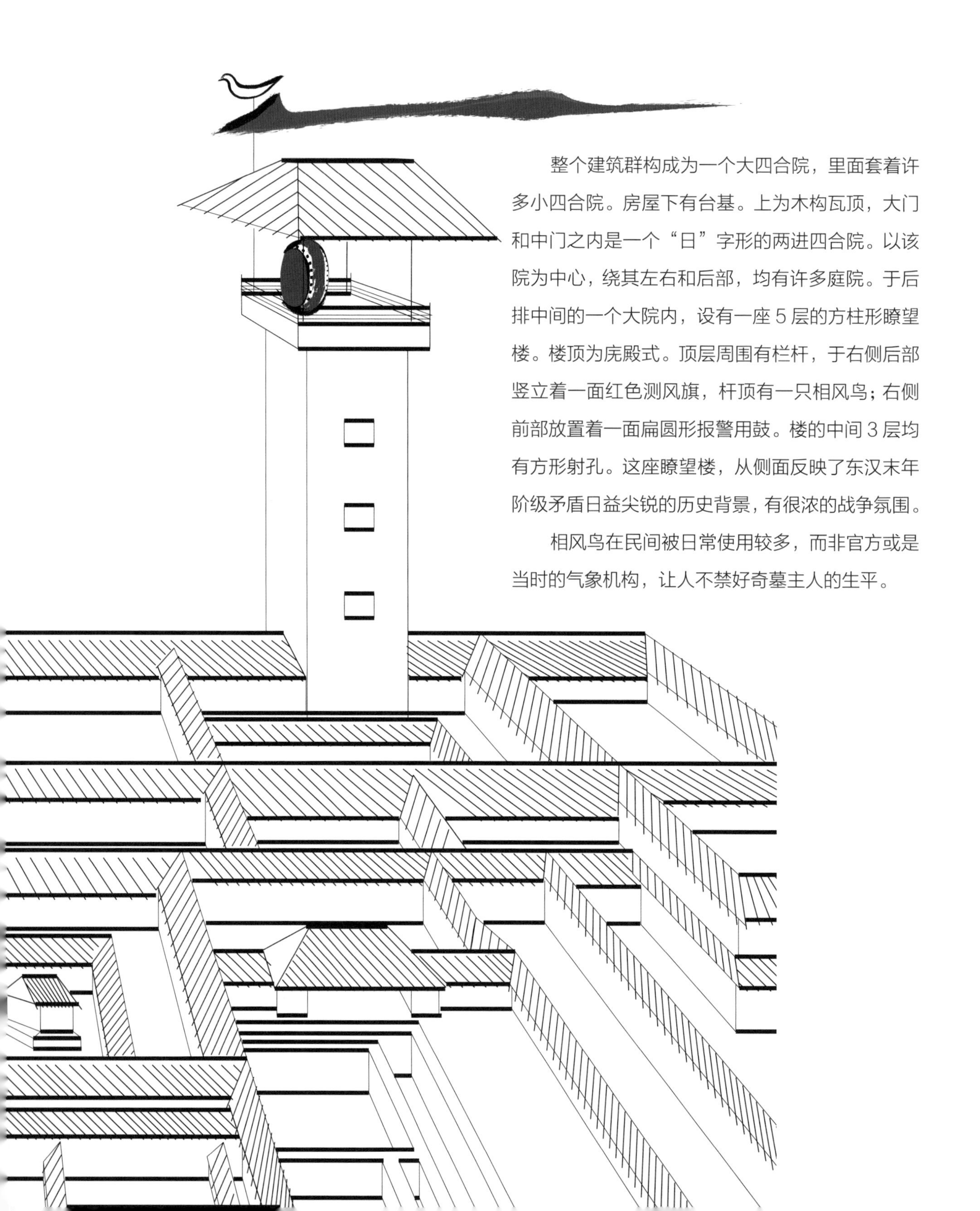

整个建筑群构成为一个大四合院，里面套着许多小四合院。房屋下有台基。上为木构瓦顶，大门和中门之内是一个“日”字形的两进四合院。以该院为中心，绕其左右和后部，均有许多庭院。于后排中间的一个大院内，设有一座 5 层的方柱形瞭望楼。楼顶为庑殿式。顶层周围有栏杆，于右侧后部竖立着一面红色测风旗，杆顶有一只相风鸟；右侧前部放置着一面扁圆形报警用鼓。楼的中间 3 层均有方形射孔。这座瞭望楼，从侧面反映了东汉末年阶级矛盾日益尖锐的历史背景，有很浓的战争氛围。

相风鸟在民间被日常使用较多，而非官方或是当时的气象机构，让人不禁好奇墓主人的生平。

发现墓葬

让我们来探寻一下那只久远年代里相风鸟的落脚地。

1971 年春天

在河北省衡水市安平县的逯家庄，一个百来户人家的小村庄，一位村民去了离村子约 150 米远的土丘上取土，不经意间发现了这座大型砖式墓。然后，这事儿就搁下了，毕竟在物资相对贫乏的那些年，它换不了吃、换不来穿，还不如能取土的小土丘。

1976 年 10—12 月

河北省文化局开始组织进行大墓的清理工作。随后河北省文物研究所刘来成先生执笔撰写了东汉壁画墓的发掘简报。

1982 年 7 月 23 日

东汉多室墓（逯家庄壁画墓）成为衡水市安平县的一个省级文物保护单位，类型是古墓葬，反映了这一墓葬极高的考古价值。

1990 年 12 月

《安平东汉壁画墓》由文物出版社出版，把考古工作者的成果呈现在世人面前。古墓室内壁画上的车马出行图、墓主人坐帐图、属吏图、伎乐图、府舍图、侍女图等，成为研究考古学、中国绘画史、汉代建筑、社会和科技文化的重要文献。

墓室方向　92 度
东西通长　22.58 米
最宽处　　11.63 米

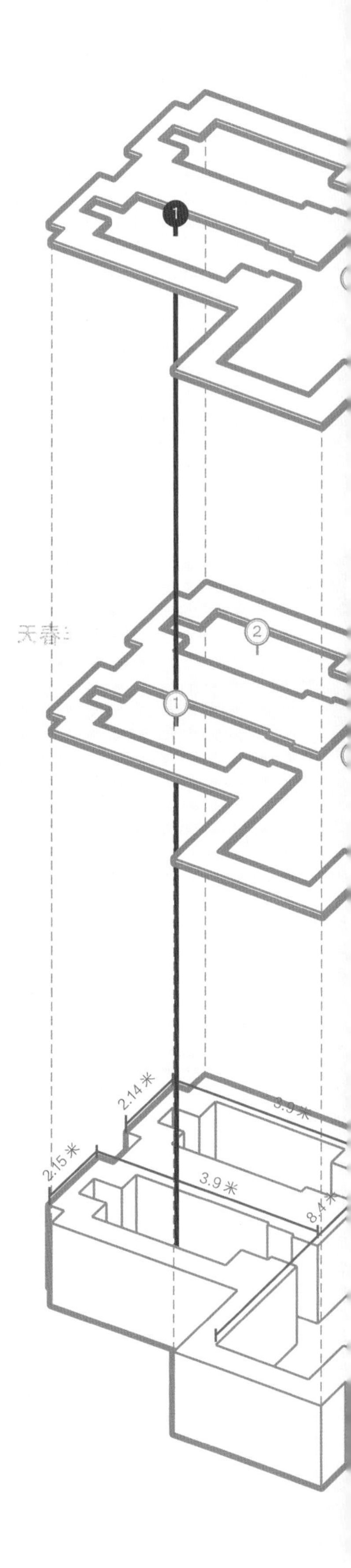

墓室内现存的文字，都是用毛笔蘸白粉浆写成的，其中不少是作为砌券时排砖的字号写在券顶砖上的。这些文字除个别字外，多数是由左至右横着书写的，也有由两端向中间书写的。作为砌券时排砖的字号而写的字各个墓室内都有，只是有的室顶文字粉刷时被覆盖在里面未得显露。文字内容大都是《论语》《孝经》《急就篇》中的句子。原因不外乎是儒学在东汉时期的统治地位。《急就篇》文辞古雅，始终无一复字，当时为学童的启蒙识字读本，里面有鼓励人们认真读书进而改变命运的训告。《论语》和《孝经》则是儒家的经典。墓室中的粉书文字是供修墓民工看的，故而采用一些大家熟悉并能背诵的内容。此外，有的句前写有“东”“西”或“南”字，标明了开头的方向。

出土随葬器物

五铢钱　11 枚

陶器　30 件
（均破损 含残片）

瓷器、铜器、铁器
各 1 件

如此规模的墓葬，通常都会有与之匹配的出土器物。应着之前提到各处墓室中被锛削过、砍过、凿过的明显痕迹，显然是有人蓄意破坏，更有人进一步推测可能是东汉末年袁绍的手笔。无论何人所为，结果是随葬器物所剩无几，且残碎不全，其中有货币、陶器、瓷器、铜器、铁器等，实在和墓葬的整体规制不甚相符。

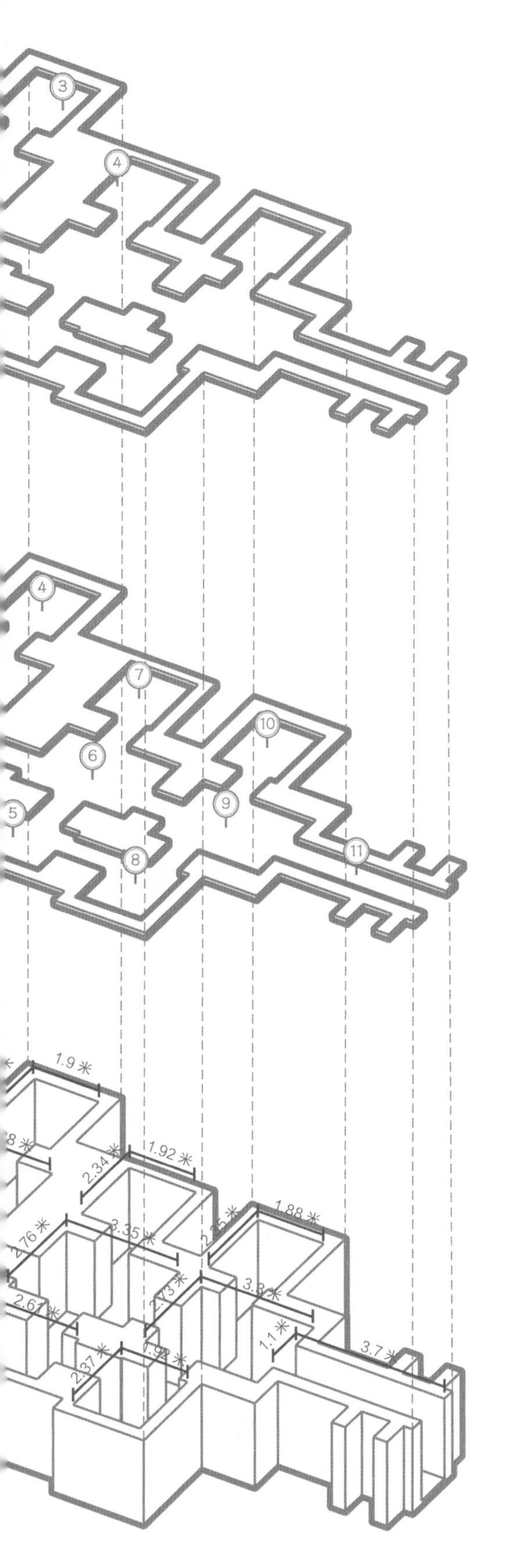

① “惟熹平五年”“主人”

② “仲尼居曾子侍　子曰先王有至德要道”

③ “东　列侯封邑有土臣积学所”“晏平仲善与人交久而敬之”
“东　子曰孝子之丧亲哭不哀”

④ “西　子曰爱亲者不敢恶人”“东　子曰孝子之丧亲哭不哀礼无容言”

① 后室

② 北后室

③ 后中室

④ 后中左侧室

⑤ 中右侧室

⑥ 中室

⑦ 中左侧室

⑧ 前右侧室

⑨ 前室

⑩ 前左侧室

⑪ 墓门和甬道

安平壁画墓平面图

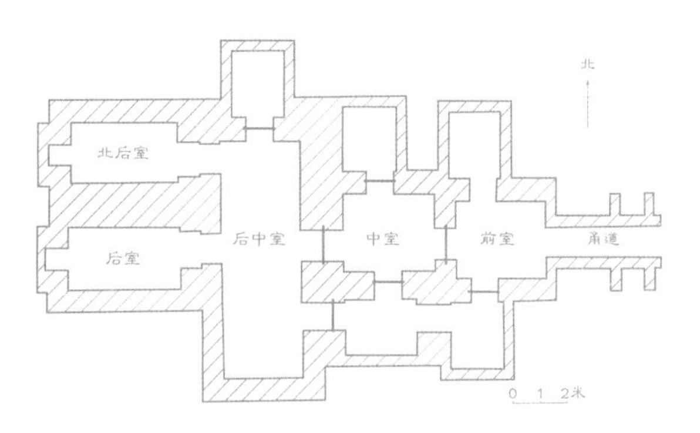

墓室壁画

墓室中的壁画为推测墓主人的身世提供了充分的依据，这里也是相风鸟栖身之处。壁画分布在中室、前右侧室和中右侧室内。对比各室有关史料所记载的制度和同时代有榜题的其他壁画，基本可以看出主要人物身份和情节。出行图，于四壁用黄色格线由上至下分为 4 层，表现墓主人的 4 次出行。根据和林格尔汉墓壁画和其他东汉画像石墓的情形，出行图一般是表现墓主人仕途的主要经历，所以这 4 次出行，应是象征墓主人的 4 次升迁或是 4 件值得纪念的事。壁画的第 4 层不仅主车与前不同，而且还有轿车、辎车和大车，可能是墓主人的最后一次升迁。

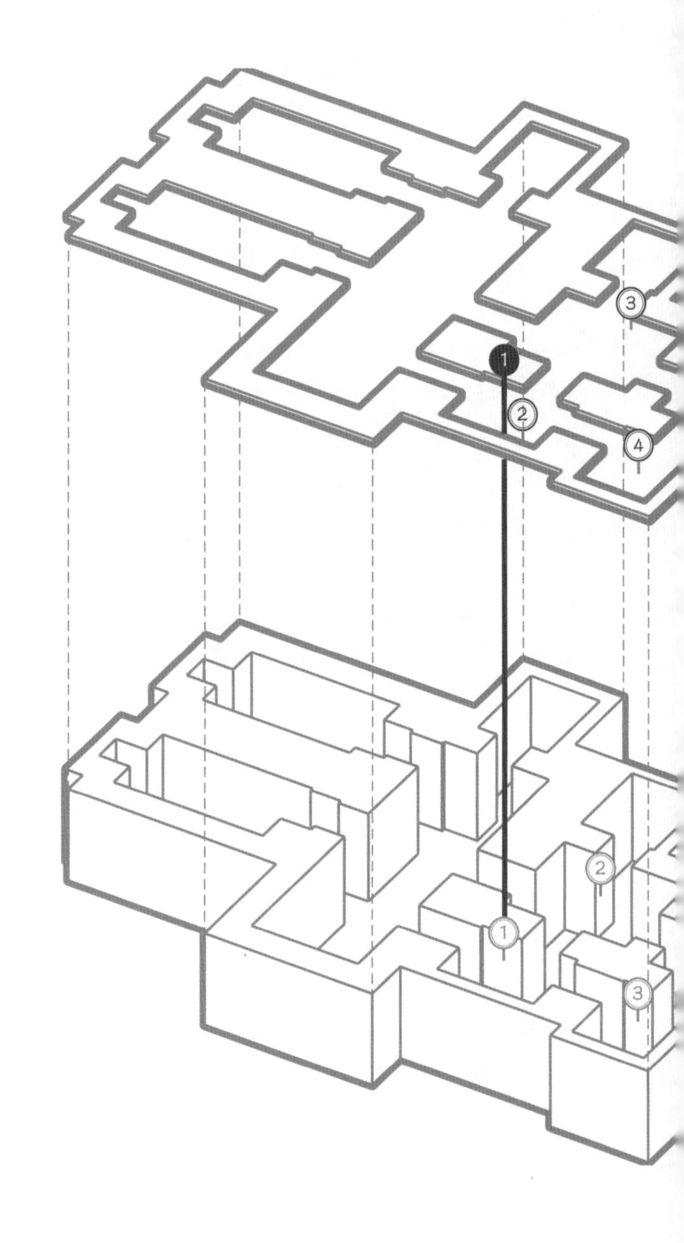

❶ 府舍图

② 墓主人及近侍图

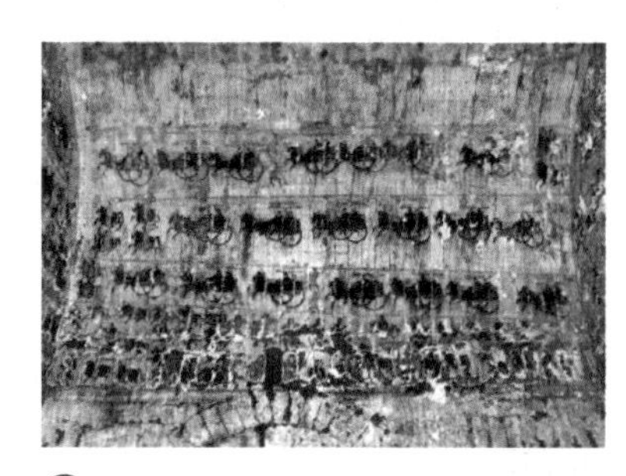

③ 出行图

④ 属吏图

① 中右侧室

② 中室

③ 前右侧室

墓主人：相风鸟的使用者

随着考古研究的推进，考古人员根据墓的形制、文字和壁画中 4 次出行图分析，该墓主人属 2000 石年俸的高级官吏，在地方应为傅、相或太守，即一郡的最高行政长官级别，类似于现在的省级市长，至少也是个副省级市长。2000 石年俸是什么概念呢？大约相当于当时一户农民 500 年的收成啊！

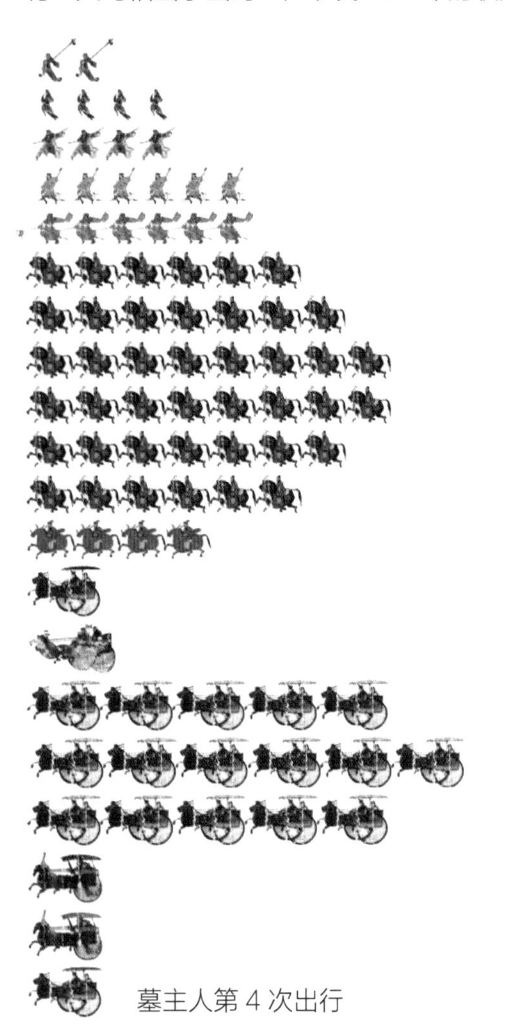

墓主人第 4 次出行

年俸：2000 石

墓主人生活在东汉动荡时期，其政治地位是一郡之首，属于 2000 石年俸的绝对高收入人群。那么高耸的瞭望楼、示警的大鼓、观测风向、风速的相风鸟和测风旗，出现在他的宅邸里也就不足为奇了。

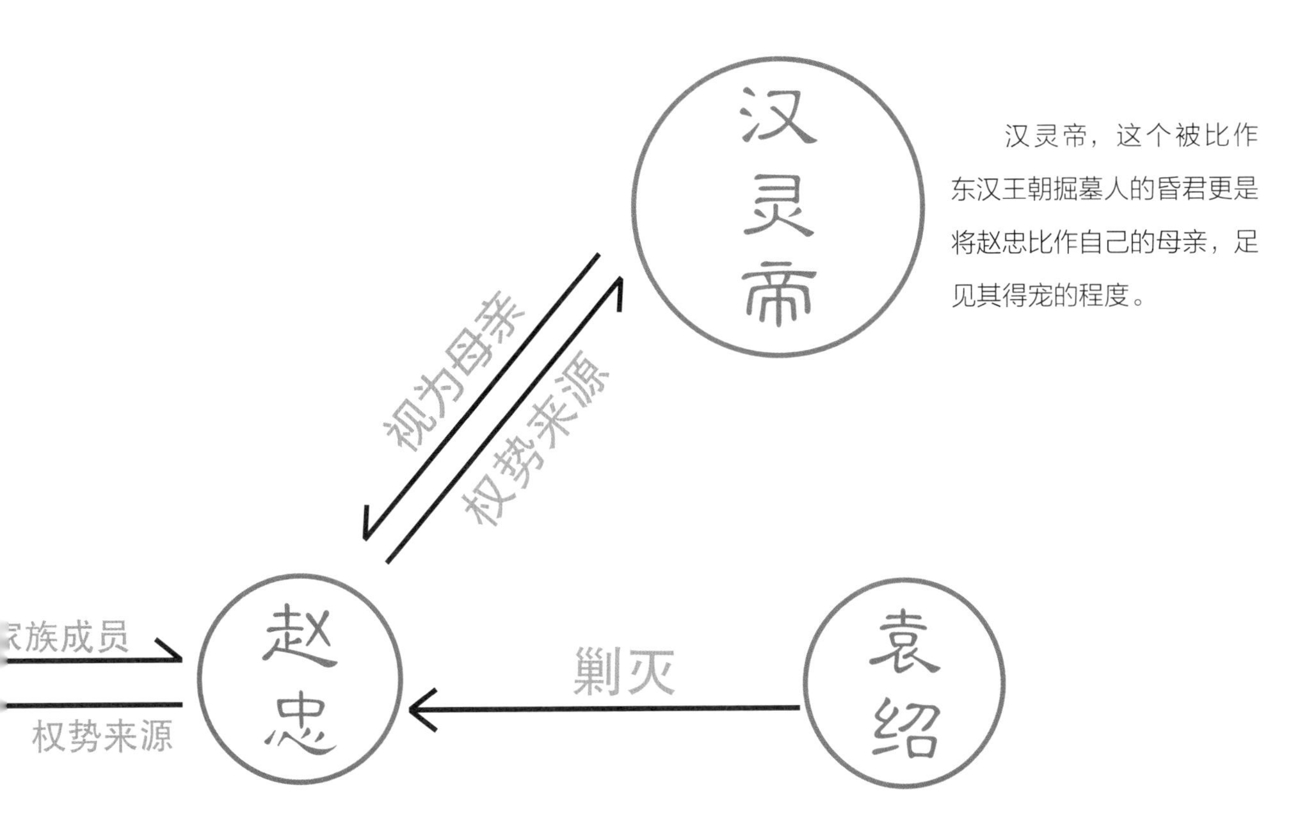

汉灵帝，这个被比作东汉王朝掘墓人的昏君更是将赵忠比作自己的母亲，足见其得宠的程度。

据《后汉书 · 宦者列传》，赵忠在灵帝时迁中常侍，封列侯，领大长秋之职，是著名的“十常侍”之一。

当时赵忠宦官得志，无所惮畏，其“父兄子弟布列州郡，所在贪残，为人蠹害”。

他和一些宦官最后被袁绍所杀。

想来袁绍在建安七年（202 年）平定冀州叛乱时必然会对赵忠家族给予狠狠打击。该墓遭到严重破坏，后室和北后室被凿去两片文字，尸体也被截肢。该墓的修筑和毁坏，在时间上也与赵忠得宠到被杀相合。显而易见该墓主人与赵忠家族的关系。

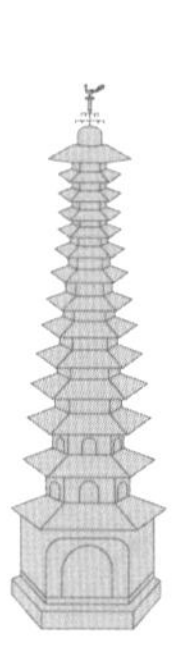

三　随风乃动　千年不息

中国现存最早的风向标
——圆觉寺塔顶的瑞鸟

瑞鸟随风

一座经历千百年风雨的砖塔立于圆觉寺，隐于山西省大同市浑源县的一片民居之间。它层层檐角处的风铃、塔刹顶部的鸾凤风向标，随风乃动，千年不息。

鸾凤风向标数百年如一日地为浑源民众提供可预报晴雨的风向。在浑源人心中，它是百鸟之首，是带来好运的“瑞鸟”。当地人这样归纳风向标指出晴雨的经验：“北风常主雨，南风常主旱。小南风有雨不大，范围也小。大南风天气晴燥。”这其实是因为浑源县位于恒山之北，北风使空气在恒山北坡上升，水汽凝结降雨；南风则为越恒山下降的空气，它能使浑源天气转晴。它见证、陪伴世世代代的浑源人一路走来，走进 21 世纪的今天。

浑源圆觉寺约在辽金之交（即公元 12 世纪初）建造，距今已有 800 多年的历史了。

圆觉寺塔全称“圆觉寺释迦舍利砖塔”，塔身采用全仿木结构，是大同唯一的一座密檐塔。

金属塔刹顶部的鸾凤风向标是由上下铁片构成的空心鸾凤形，凤鸟两足微向后弓，凤尾舒展上翘，两翼微张，长项引伸，似欲将振翅腾飞，又似在引项高鸣。它栖立于铁盘中央，固定的刹杆顶上有细杆通过鸾凤腹部直穿过空心鸾体而透出鸾背，鸟腹与后两足鼎立。铁盘下，由一段套筒与塔刹刹杆相套连，使鸾体保持铅直，遇风则套筒连带上部圆盘和盘上凤鸟，以刹杆为固定枢轴转动，不受固定垂直杆所干扰，转动自由，且雨水不会在体内积贮。表面都经过处理，800 多年来未曾生锈。塔顶风吹鸾凤，其凤头在稳定时所指之面，即可看出风向。这个风向器并不带动转枢，而是绕固定的塔杆回转，其设计有独创性，古今罕见。

此处的铁质鸾凤距汉武帝初建建章宫铜凤凰已有 1300 多年。据有关专家考证，此铁质鸾凤较东汉的铜凤凰有了很大的改进，是现存最早、全国唯一的古塔风向仪实物，极为珍贵。

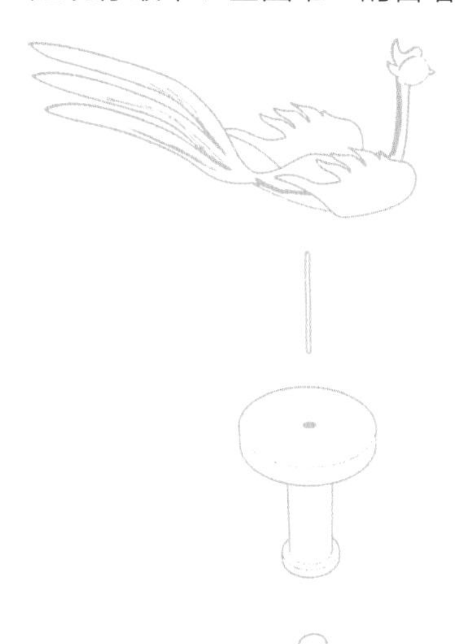

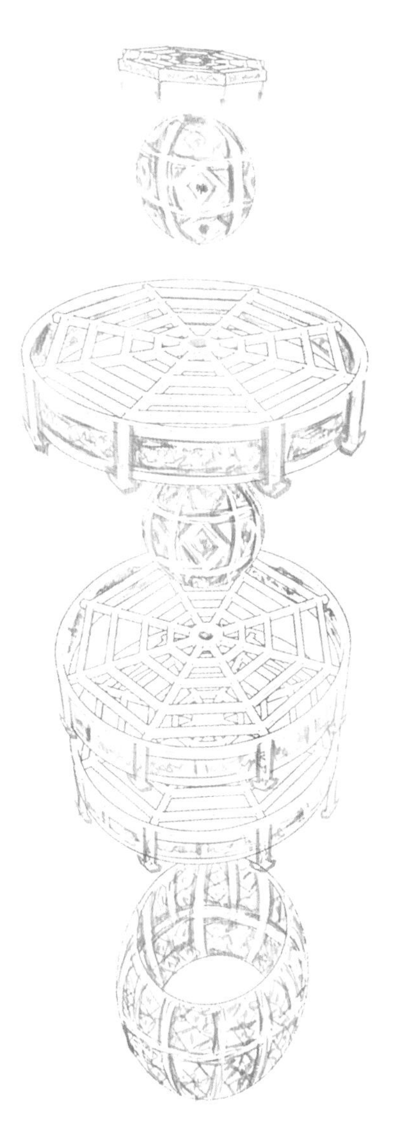

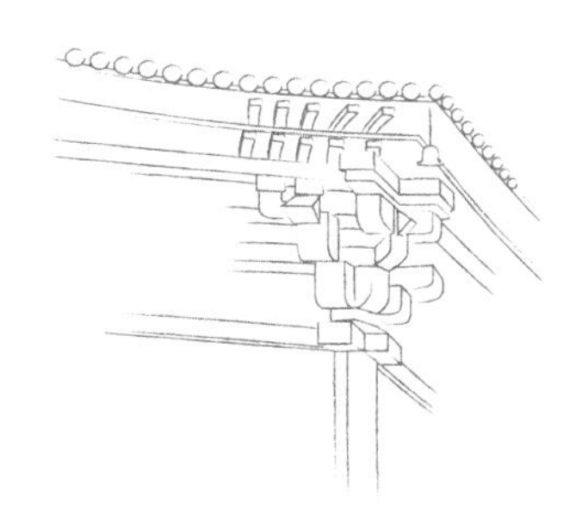

密檐砖塔

历经千百年的风雨，无数次的战火，甚至地动山摇的地震，砖塔缘何能屹立至今?

清代顺治年间的《浑源州志》记载:“圆觉寺，在州治东，金正隆三年僧玄真建。”金正隆三年为 1158 年。而后在明朝成化年间重新（1456 年—1487 年）被重修。

圆觉寺，俗称“小寺”，位于山西省大同市浑源县县城石桥北巷，20 世纪 30 年代末被日本侵略军拆毁，唯砖塔幸存。圆觉寺砖塔具有辽金时期密檐式塔的典型风貌。砖塔为 9 层仿木结构，须弥座和第一层檐下可以看到仿木的斗拱。塔体平面呈八角形，加上塔刹，通高 30 余米。塔基为高达 1 米的须弥座，四周为砖刻的浮雕，有歌舞伎、武士、猛兽、花卉等形象，栩栩如生。塔身第一层较高，正南面辟券门，内有八角形塔心室，原有释迦牟尼佛祖坐像，可惜毁于民国初期。外壁东、西、北三面均为砖雕假券门；其余四面各雕刻一樘假窗。第一层塔身上端出挑的砖雕斗拱形制雄劲，上承第一层的塔檐。除第一层外，其余各层均无级可攀。

第二层塔身向上至第九层，塔身均较低矮，出叠涩短檐，层层收窄，形态端庄。塔刹除刹座仍为砖构之外，相轮、刹杆及刹顶均为铁制。十分罕见的是，圆觉寺塔塔刹的刹顶并非一般佛塔刹顶所用的仰月、宝珠或火焰宝珠，而是造型精美的铁制鸾凤风向标。

圆觉寺砖塔每一层檐角均挑着一个风铃，总共 72 个。风起铃动，清脆悦耳的铃声仿佛在诉说着千年的历史。

存世千年屹立不倒，是对砖塔品质的最好验证。史载：明天启六年（1626 年）六月（闰）初五日丑时晋北发生过一次大地震（现代评估震级为里氏 7 级，震中位于灵丘与浑源交界之灵丘一侧）。《中国历史纪事年鉴》记载："灵丘连震一月有余，震摇数十次，全城尽塌，官民庐舍无一存者，压死居民五千二百余人，往来商贾不计其数，枯井中涌水皆黑。"虽然未曾看到过浑源在这次大地震中损毁情况的相关资料，但可以想象其破坏惨烈程度。值得庆幸的是，处于震中不远的圆觉寺塔毫发未损。另外，1989 年 10月 18 日晚 22 时 57 分大阳地震，这次地震震级达到里氏 6.1 级，与震中相距不足 100 千米的圆觉寺塔同样安然无恙。这说明塔的力学设计非常科学，用材用料也极其讲究，才承载着鸾凤风向标留存至今。

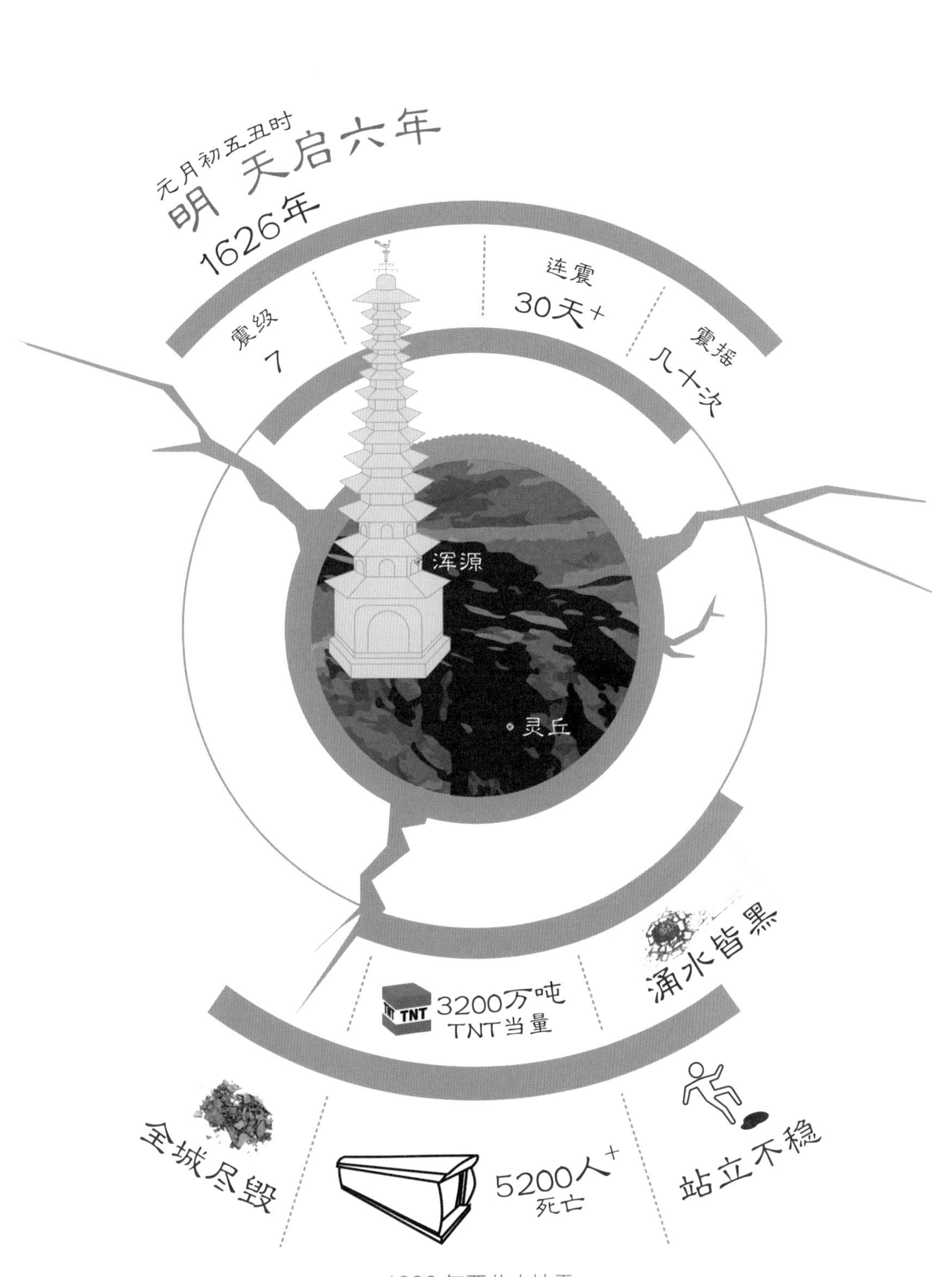
元月初五丑时
明 天启六年
1626年
震级
7
连震
30天+
震摇
几十次
浑源
灵丘
TNT
3200万吨
TNT当量
涌水皆黑
全城尽毁
5200人+
死亡
站立不稳

1626 年晋北大地震

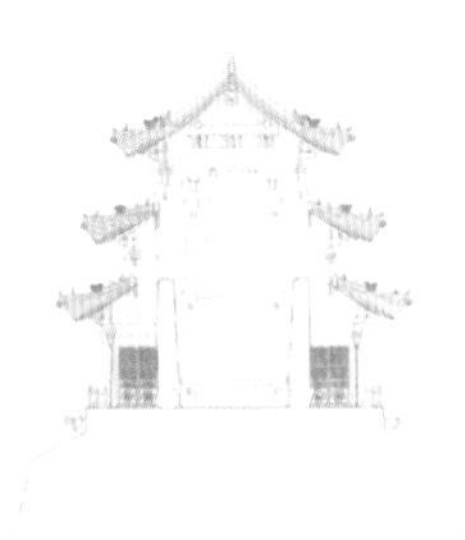

断代新议

实物文物的珍贵不言而喻，风向标这样既有历史文化背景又体现科学技术的就更不必说了，多多益善。在断代上的任何推敲、新发现，如能得以证实，都将是历史的馈赠。

断代新议之一

发生地：河南汝州风穴寺（中国四大古寺之一）悬钟阁。

观　点：汝州风穴寺悬钟阁顶脊上的铁质凤鸟形制的风向标，至今仍随风转动着指示风向，铸于北宋宣和七年（1125 年）。

悬钟阁是风穴寺的钟楼，清康熙《风穴志略》景迹记载，“悬钟阁，宋宣和七年，於寺殿庑间增直阁，名曰‘悬钟’。然形势峭绝壁立，不耐震撼。屡经修葺，始能完整。画栋凌空，每一扣动，隐隐响从天际来，缭绕岩谷”。悬钟阁为三重檐歇山式，台基硕大，殿内悬一口大铁钟，大铁钟高六尺余，口面四尺六寸多，厚为四寸五，号称“万斤钟”，周身有铭文 300 多字，其中纪年铭文为：“大宋宣和七年岁次乙巳正月一日癸酉朔十九日寅卯。汝州开元寺资福院管句化缘铸钟”。钟楼位于风穴寺中天王殿之西北侧，除底层装有可完全开启的扇门外，上层完全通透，不置门窗。四面阔达，加以崇楼杰阁，才能有“一声法撞飘空界，满地松阴宝月寒”之境。

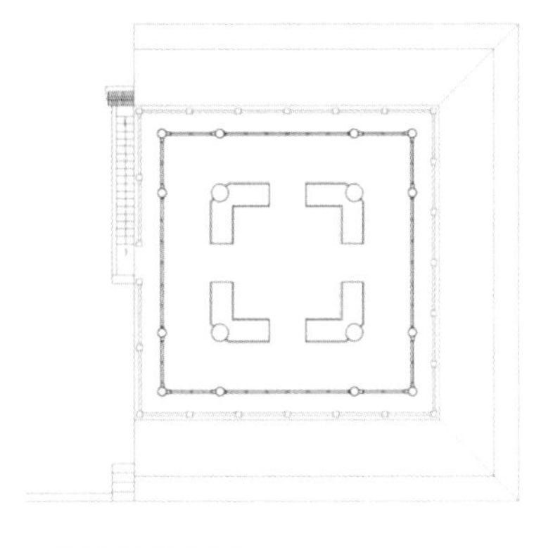

悬钟阁平面图

钟楼顶上的铁刹有花形底座，刹杆顶部与铁质凤鸟腹部相连，凤鸟的嘴巴微张，凤尾上翘，一副展翅欲飞的样子。让人眼前一亮的是，这只凤鸟细长的双足立于下方铁质的四向风向标上，而铁质方向标十字交叉于刹杆，四个方向的端部呈椭圆铁勺的形状，像极了现在风向风速仪上的三杯。如果能确定它和“万斤钟”是同期铸造，是北宋原物的话，它就比山西浑源圆觉寺砖塔上的铁制鸾凤风向标还要早，将成为目前国内现存最早的凤鸟风向标实物。风穴寺悬钟阁始建之后，历代屡有修葺，比较大的修缮共有明万历十二年（1584 年）和清乾隆六年（1741 年）两次。然而，悬钟阁的焕然一新，反倒令铁质凤鸟的铸造时间变得不确定了。

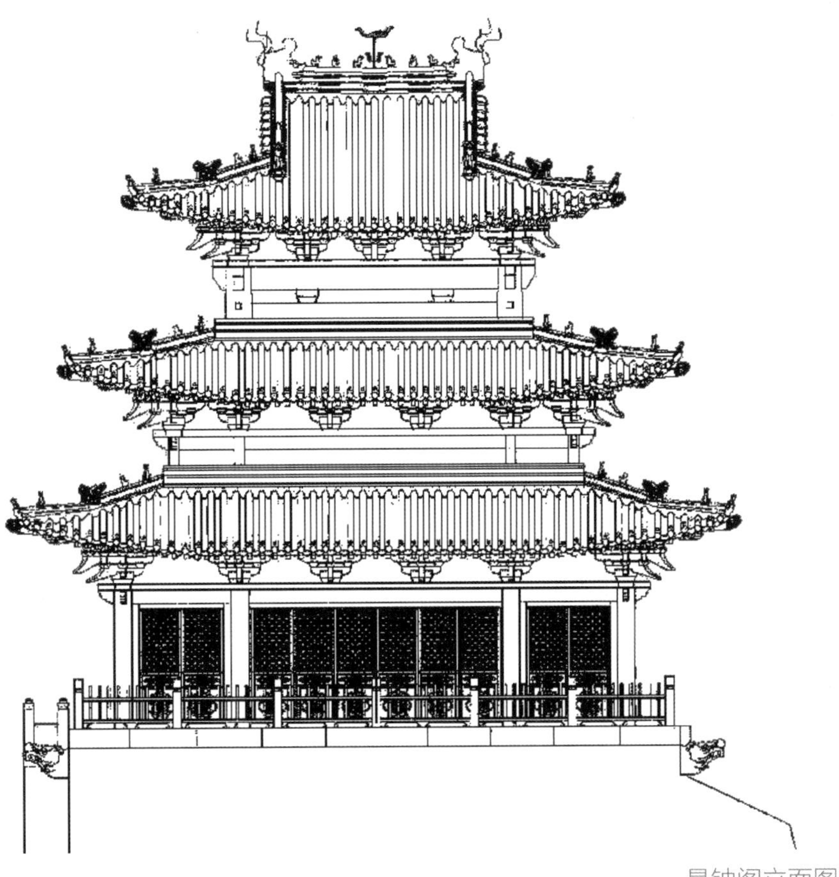

悬钟阁立面图

断代新议之二

发生地：山西浑源圆觉寺砖塔。

观　点：浑源圆觉寺砖塔是辽代的最后一座塔，始建早于辽保大五年（1125 年）。

关于圆觉寺塔始建的时间，清顺治《浑源州志·卷上》说：“圆觉寺，在州治东，金正隆三年僧玄真建”，在顺治《浑源州志 · 卷下》又有一条，称：“释迦砖塔，在城内圆觉寺，金时僧玄真建。”让人觉得金正隆三年，玄真和尚既建了寺也建了塔。

北京大学宿白先生 1950 年随著名考古学家裴文中组建的“雁北文物勘察团”赴浑源调查时，著有《圆觉寺勘察报告》。报告中有关于始建时间的不同看法。他在报告中记录：“每面砖壁在距离平座约一人左右高的部位上，刻有很多笔画粗细不同的题字。”从塔正南面起，按顺时针方向，一圆周共记录各个不同年份的题刻有 21 条之多。涉及 16 个年号，金、元、明、清四朝都有。其中早于金“正隆”的有两条：

（1）“天会十□□十一月□□”（方框为漶损不识的字）

（2）“天会三年三月初二日来到此间蔚州……”

这两条中，又以“天会三年”条最早，且非常具体清晰，时间、地点翔实。说明金天会三年刻字人来到这里的时候，这座塔已经建成，他刻下了自己的“到此一游”。

金正隆三年（1158 年）比辽保大五年（1125 年）早 33 年。宿白先生 1950 年的实地勘察和记录证实了坊间的传说绝非无凭无据。圆觉寺塔的真实建成时间，至少要比清顺治《浑源州志》记载的“金正隆三年”早 33 年。1125 年，是一个非常特殊的年份。统治了中国北方 200 年的民族大国——“辽”，正是在这一年被“金”所灭。因此，在中国历史年表上，这一年会同时标记三个帝国的年号，即宋宣和七年、辽保大五年和金天会三年。

可以考证的点，除了刻字中时间节点外，还有砖塔的形制以及塔内所绘壁画中佛像的形象。但是，由于明清两朝对砖塔做了多次修葺，又让可以佐证时间的资料变得不确定。或许只有等他日地宫开掘，才能对始建时间有更加准确的修正。

倘若以上两处的断代均被证实，那么将有两处 1125 年铸造的，甚至更早的凤形风向标现存于世。这是何等可贵，毕竟不是每处文物都能躲过天灾人祸，得以遗世的。

相风竿影晓来斜，每天太阳升起，凤鸟都始终高高的立于铁刹之顶，俯视着千百年来人来人往，生生不息。

公元 1125 年 = 宋 宣和七年 = 金 天会三年 = 辽 保大五年

四　冥冥万里风去来

当太史令遇见海军少将

感受来自四面八方的风，感受风的世界。惬意于煦煦和风，风扬于风驰电掣，惊惧于飞沙走石、狂风怒号。他们一个来自盛世大唐，一个来自翡翠绿岛；他们才华横溢，他们是捕捉风的人。

公元 602 年，隋末，惊才艳艳的李淳风出生在岐州雍县。17 岁入秦王李世民帐下，唐贞观元年，25 岁的他入职太史局。执掌天文、地理、制历、修史之职的太史局，充分发挥了他的才智。李淳风仕途顺畅，公元 648 年任太史令，这一官职相当于西方的首席皇家天文学家、天文台台长。他在太史局鞠躬尽瘁 43 年，在这个位置上一直任至寿终。公元 656 年，54 岁的李淳风完成了《乙巳占》，在卷十《候风法》中，对风力大小进行了分级。他是风力定级的“世界第一人”。

1000 多年后的公元 1774 年，在世界的另一头，弗朗西斯·蒲福出生在一个法裔爱尔兰家庭。他 14 岁离开学校，开始了他的海上航行，但他的自我学习从未因为离开学校而停止。经历过海难和战争的蒲福，最终回到英国皇家海军任职，于 1810 年 5 月 30 日升任上校。1829 年，蒲福 55 岁时，被英国海军本部任命为海军水文学家，掌管了在英国格林尼治和南非好望角的天文台，并担任该职位 25 年之久。1846 年 10 月 1 日，蒲福 72 岁时以皇家海军少将身份退役。他 1805 年根据风对地面物体或海面的影响程度而定出了风力等级。按强弱，将风力划为“0”至“12”，共 13 个等级，即目前世界气象组织所建议的风力分级。

虽然相隔了千年，他们相遇在“风”里，并在各自的时代定义了风力风级，为世界气象学科发展做出了杰出的贡献。

海军少将
蒲福

公元 602 年　隋仁寿二年（壬戌）

生于岐州雍县（今陕西省宝鸡市凤翔区）

隋县尉，自称黄冠子

注《老子》、撰方志图十卷、《天文大象赋》

公元 611 年　隋大业七年

“幼俊爽，博涉群书，尤明天文历算阴阳之学。”

拜至元道长为师，远赴河南南陀山静云观修行。

公元 619 年　唐高祖武德二年

17 岁，离开道观，下山回乡，经李世民的智囊刘文静推荐，

归于秦王帐下，成为秦王府记室参军，在朝 48 年。

秦王

唐高祖

公元 627 年　唐贞观元年

25 岁入职太史局

太史局将仕郎——文官名，从九品下

太史局相当于现在的国家天文台。

主管领导：傅奕（太史令）

唐太宗

公元 633 年　唐贞观七年

31 岁建议改制浑天仪，加授为承务郎

太史局承务部——从八品下，无实权的文散官，相当于秘书之类的职务。

主管领导：傅仁均（太史令）

公元 641 年　唐贞观十五年

39 岁官至太常博士

太史局太常博士——从七品上，辅助政府主要官员主持重大典礼、祭祀的礼官。

主管领导：薛颐（太史令）

《文思博要》项目组同仁：高士廉主持撰写，参加撰修：魏徵、房玄龄、吕才等

相传唐太宗为推算大唐国运，下令其和袁天罡共同编写《推背图》。

官至宰相

时任太子太傅

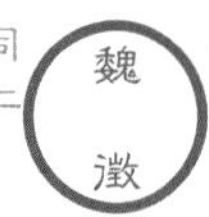

官至宰相

时任太子太师

官至宰相

时任太子少师

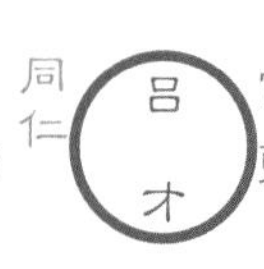

官至太子司

更大夫

火井令，实际位同国

天文学家、玄学家

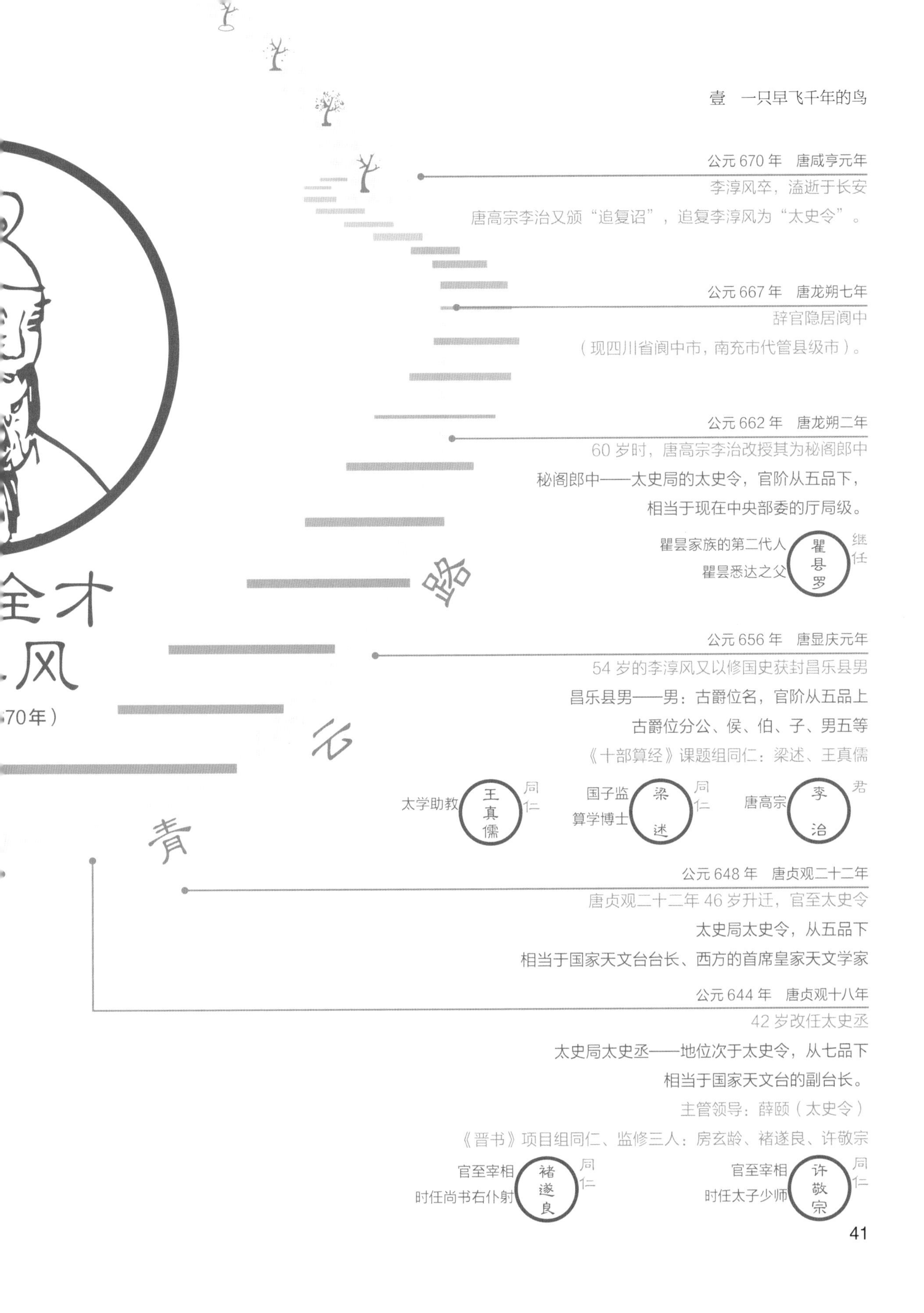
公元 670 年　唐咸亨元年
李淳风卒，溘逝于长安
唐高宗李治又颁“追复诏”，追复李淳风为“太史令”。
公元 667 年　唐龙朔七年
辞官隐居阆中
（现四川省阆中市，南充市代管县级市）。
公元 662 年　唐龙朔二年
60 岁时，唐高宗李治改授其为秘阁郎中
秘阁郎中——太史局的太史令，官阶从五品下，
相当于现在中央部委的厅局级。
瞿昙家族的第二代人
瞿昙悉达之父
瞿昙罗
继任
路
公元 656 年　唐显庆元年
54 岁的李淳风又以修国史获封昌乐县男
昌乐县男——男：古爵位名，官阶从五品上
古爵位分公、侯、伯、子、男五等
《十部算经》课题组同仁：梁述、王真儒
太学助教
王真儒
同仁
国子监
算学博士
梁述
同仁
唐高宗
李治
君
云
青
公元 648 年　唐贞观二十二年
唐贞观二十二年 46 岁升迁，官至太史令
太史局太史令，从五品下
相当于国家天文台台长、西方的首席皇家天文学家
公元 644 年　唐贞观十八年
42 岁改任太史丞
太史局太史丞——地位次于太史令，从七品下
相当于国家天文台的副台长。
主管领导：薛颐（太史令）
《晋书》项目组同仁、监修三人：房玄龄、褚遂良、许敬宗
官至宰相
时任尚书右仆射
褚遂良
同仁
官至宰相
时任太子少师
许敬宗
同仁

候风法

李淳风的《候风法》通过各个角度来分析风力，而其中“以势力推风发远近”这一个角度，所推断并描述的 8 个不同级别，就是与现代风级最为接近的，这使他成为给风力定级的世界第一人。

以时节多少推风发远近；
以时间多少推灾祸及远近。

风速
以迟疾推风发远近
凡风动，
初迟后疾，其来远。
初急后缓，其发近。

风力 / 风级：
以势力推风发远近：
凡风动叶，十里。鸣条，百里。摇枝，二百里。坠叶，三百里。折小枝，四百里。折大枝，五百里。一云折木飞砂石千里，或云伐木施千里，又云折木千里，拔木树及根五千里（此鸣条已上皆百里也）。

推风声五音法，谓太史必知风之情，晓风之声。
（宫—商—角—徵—羽），有纳音中金木水火土定五音者，有十二辰配五音，有听声配五音。宫风近十里，中百里，远千里（宫之数也）。羽风近六里，中六十里，远六百里。徵风近七里，中七十里，远七百里。角风近八里，中八十里，远八百里。商风近九里，中九十里，远九百里。

等身才

史学

五代史志

预撰《晋书》及《五代史》中的天文、律历、五行志。

收编有：

祖冲之圆周率

刘洪实测月行迟疾之率

北齐张子信发现了太阳与五星视运动不均匀性现象

隋刘焯创立的二次函数的内公式

天文志

天文志对日月食、流星、陨星、客星（新星）、彗星及其他天象进行了记录，被誉为“天文学知识的宝库”。

数学

算经

参与编定和注释著名的10部算经，包含有《周髀算经》《九章算术》《孙子算经》《五曹算经》《夏侯阳算经》《张丘建算经》《海岛算经》《五经算术》《缀术》《缉古算经》，后被用作唐代国子监算学馆的数学教材。

天文学

浑天黄道仪

精心设计，制成了一台新的浑仪。

《法象志》七卷

撰写了《法象志》七卷，系统总结、论述了历代浑仪之得失。

其他著作

《乙巳占》《皇极历》一卷、《悬镜》十卷、《文史博要》《典章文物志》《秘阁录》等十几部，并对《齐民要术》《本草》等几十部书籍进行过校注。

《麟德历》

唐高宗麟德二年（665年）起，朝廷颁用李淳风编造的《麟德历》。“李淳风最精占候，其造《麟德历》。”《麟德历》是一部著名的历法，有不少创新，在中国历法史上占有重要地位。其以《皇极历》为基础，简化了许多烦琐的计算，并废止了19年7闰的“闰周定闰”。《麟德历》被用到开元九年（721年）。

日本在文武天皇元年（697年）至天平宝字七年（763年）采用《麟德历》。因为是唐朝仪凤年间传入日本，所以又称《仪凤历》。

五 解构

气象史上的风向标、风向风速仪

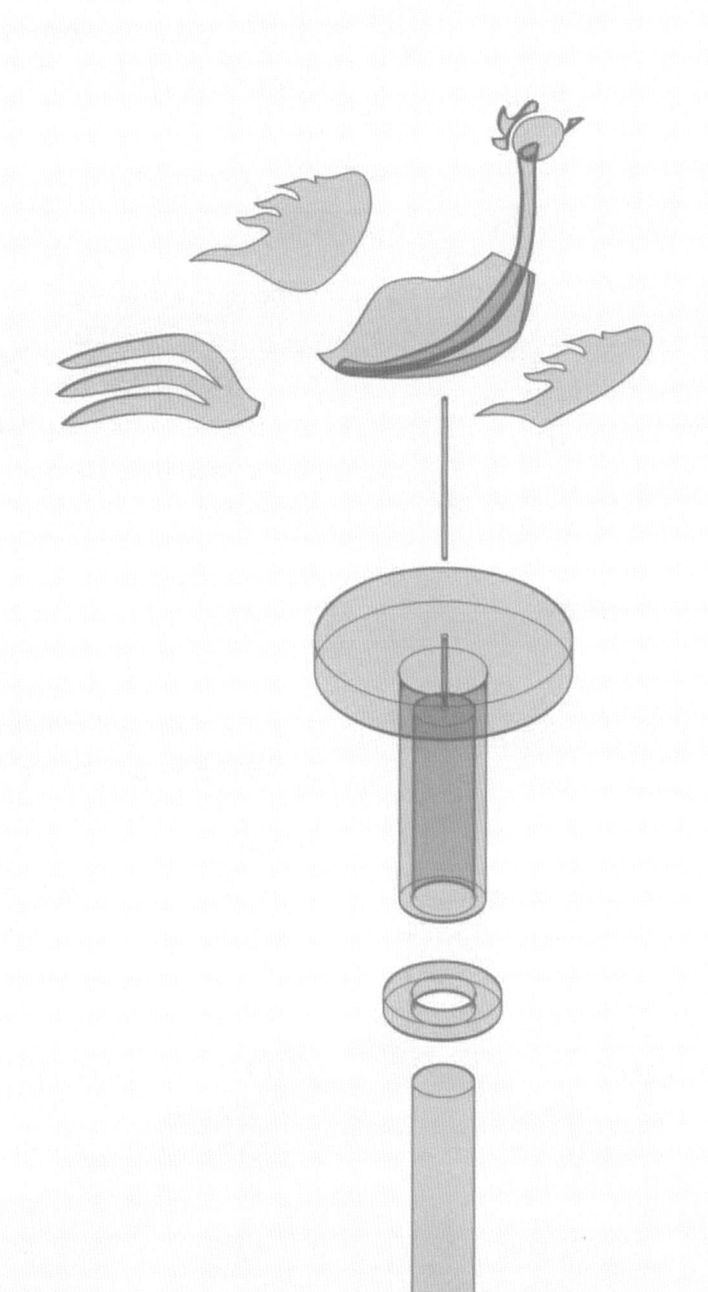

相风鸟

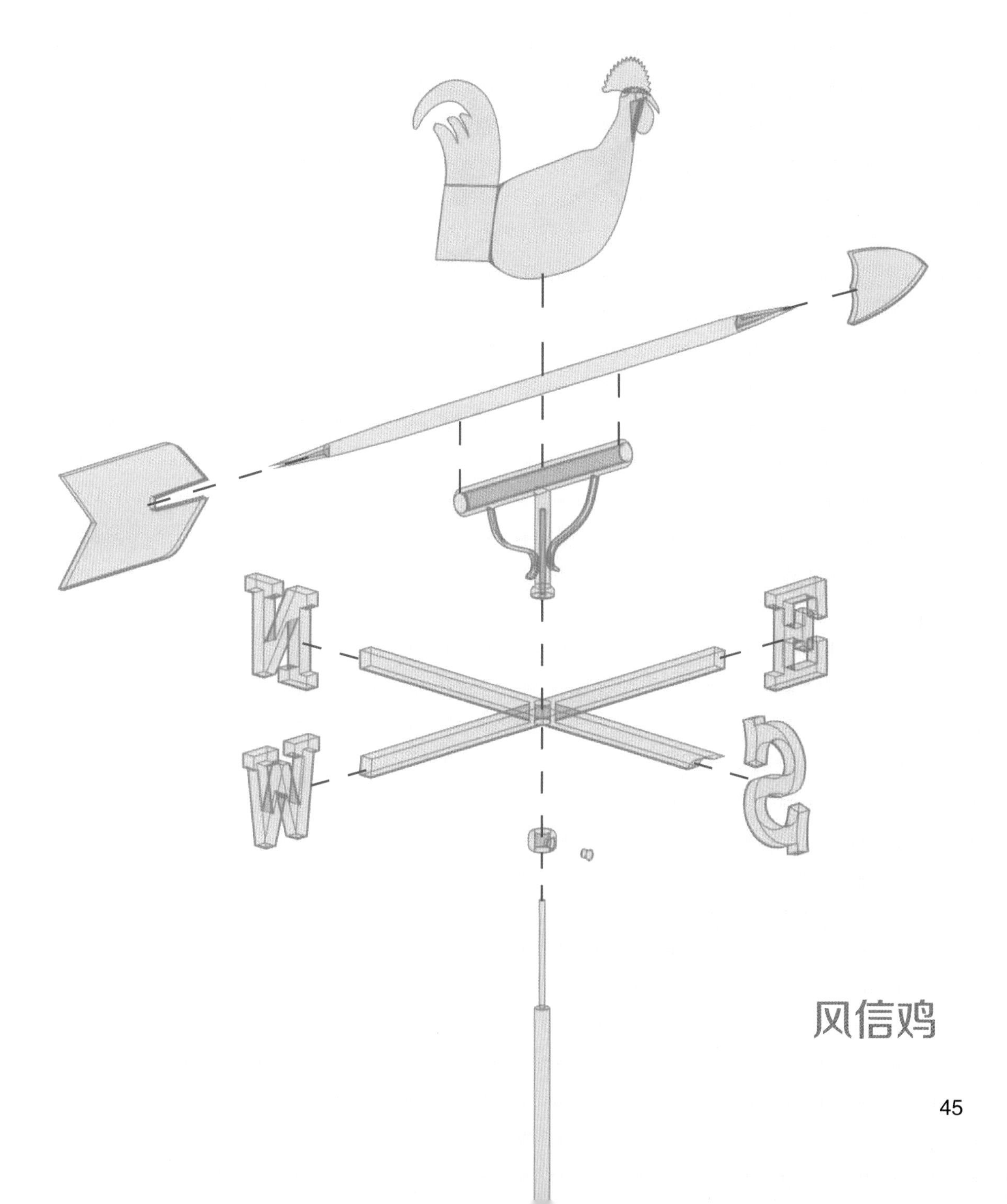

风信鸡

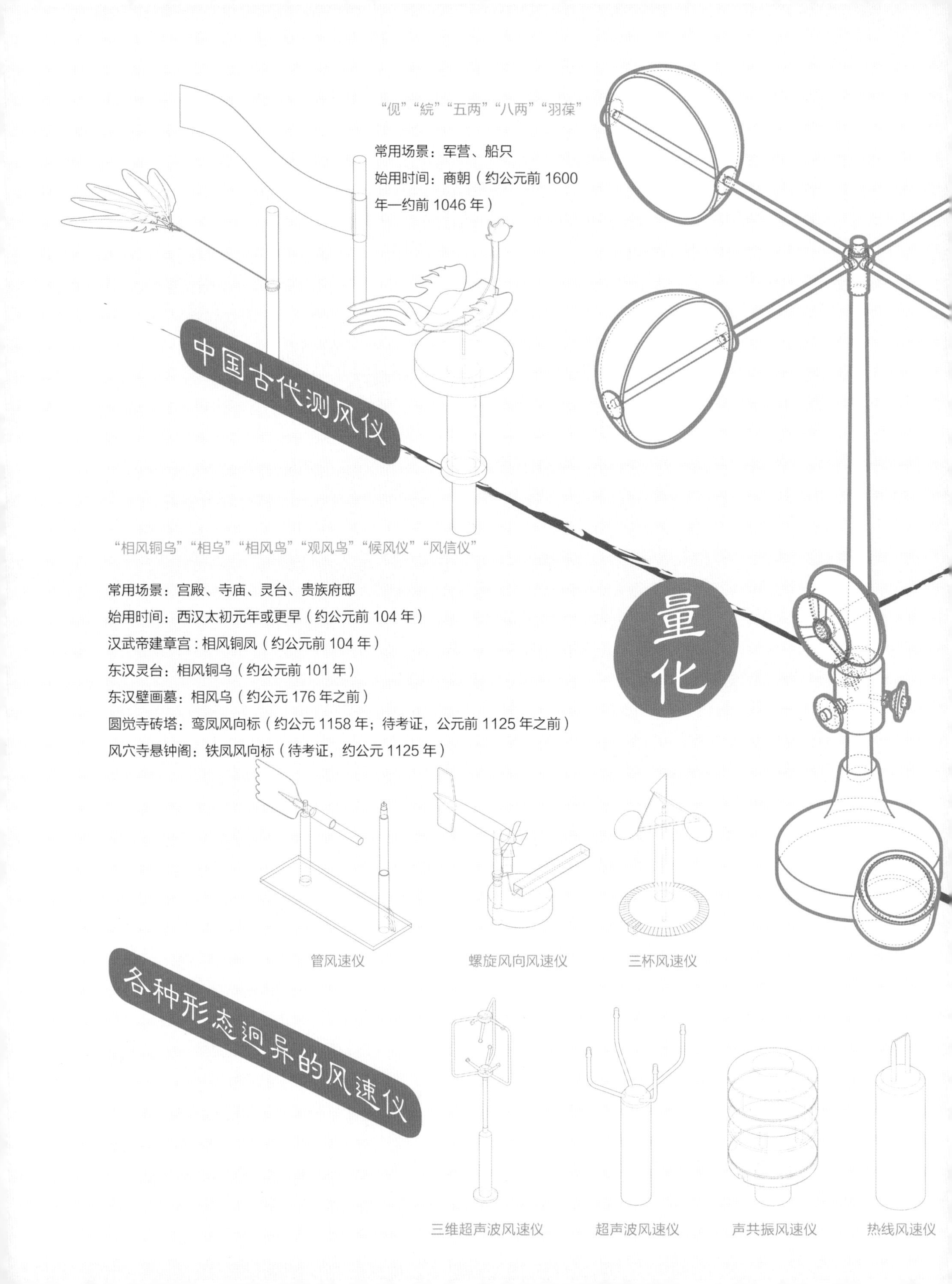
“伣”“綄”“五两”“八两”“羽葆”
常用场景：军营、船只
始用时间：商朝（约公元前 1600 年—约前 1046 年）
中国古代测风仪
“相风铜乌”“相乌”“相风鸟”“观风鸟”“候风仪”“风信仪”
常用场景：宫殿、寺庙、灵台、贵族府邸
始用时间：西汉太初元年或更早（约公元前 104 年）
汉武帝建章宫：相风铜凤（约公元前 104 年）
东汉灵台：相风铜乌（约公元前 101 年）
东汉壁画墓：相风乌（约公元 176 年之前）
圆觉寺砖塔：鸾凤风向标（约公元 1158 年；待考证，公元前 1125 年之前）
风穴寺悬钟阁：铁凤风向标（待考证，约公元 1125 年）
量化
管风速仪
螺旋风向风速仪
三杯风速仪
各种形态迥异的风速仪
三维超声波风速仪
超声波风速仪
声共振风速仪
热线风速仪

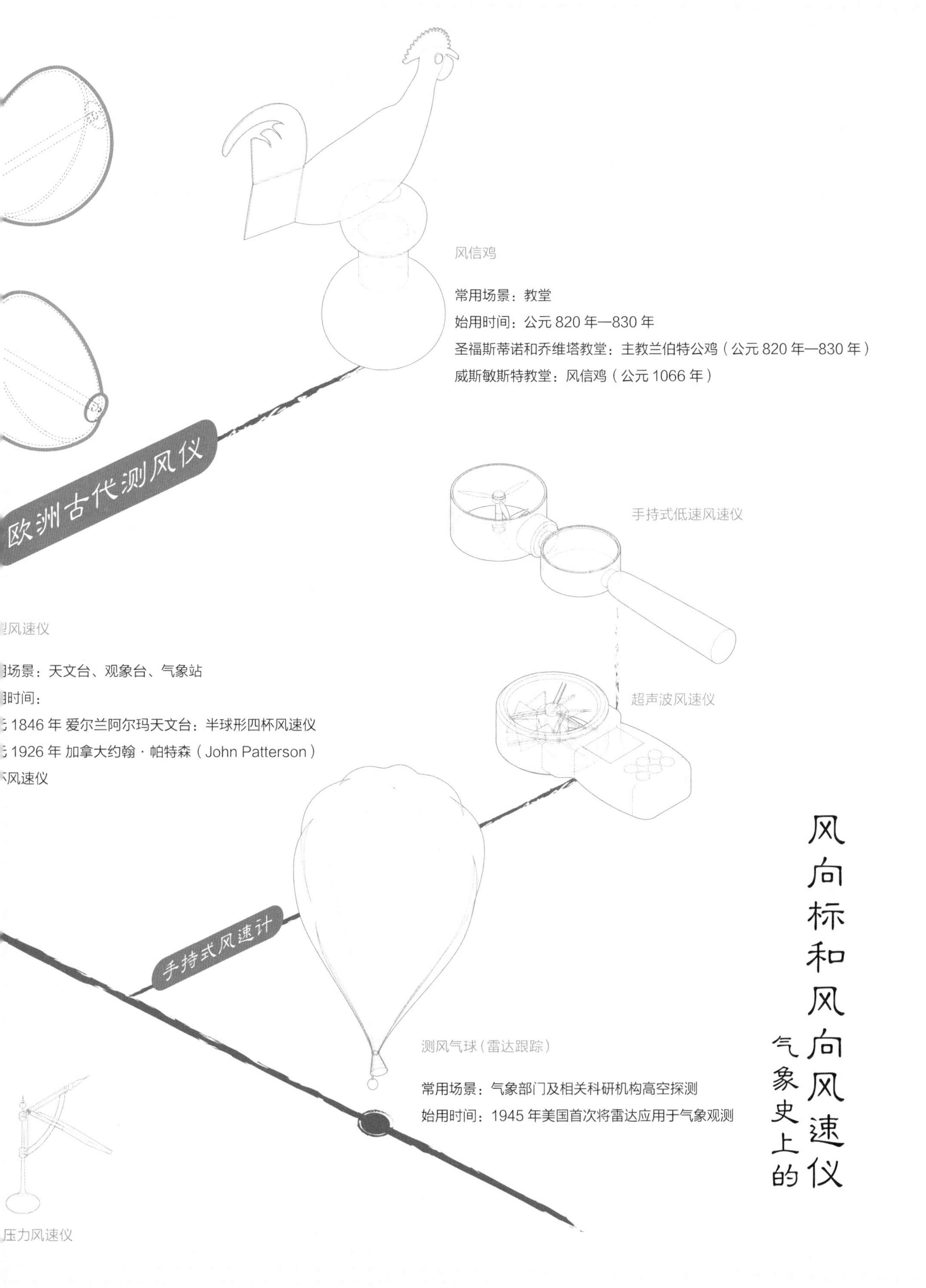
风向标和风向风速仪
气象史上的
欧洲古代测风仪
风信鸡
常用场景：教堂
始用时间：公元 820 年—830 年
圣福斯蒂诺和乔维塔教堂：主教兰伯特公鸡（公元 820 年—830 年）
威斯敏斯特教堂：风信鸡（公元 1066 年）
手持式低速风速仪
风速仪
场景：天文台、观象台、气象站
时间：
1846 年 爱尔兰阿尔玛天文台：半球形四杯风速仪
1926 年 加拿大约翰 · 帕特森（John Patterson）
风速仪
超声波风速仪
手持式风速计
测风气球（雷达跟踪）
常用场景：气象部门及相关科研机构高空探测
始用时间：1945 年美国首次将雷达应用于气象观测
压力风速仪

风向、风速是气象观测中不可或缺的部分，

随着科技的发展和变迁，已经出现了许多重要且引人注目的成果。

但这只早飞千年的“鸟”会永远被记住！

贰
天地之气和则雨

降水的测量和统计

一夕骄阳转作霖，梦回凉冷润衣襟。
不愁屋漏床床湿，且喜溪流岸岸深。
千里稻花应秀色，五更桐叶最佳音。
无田似我犹欣舞，何况田间望岁心。

宋　曾几

一　啄垂一尺雨一尺

天池测雨

积以器移

“水旱，天时也”，雨水便是“天时”中最为重要的内容。风调雨顺大抵是天下人共同的祈愿。农作物生长需要雨水适量的灌溉，雨量的多少又制约着农业生产发展水平。古人往往根据雨水的多少来预测一年收成的好坏，即所谓“占雨”。唐朝时就有关于雨水和农业生产关联的文字：“凡甲申风雨，五谷大贵，小雨小贵，大雨大贵；若沟渎皆满者，急聚五谷。”雪，作为一种特殊的雨泽，与农业的关系尤为重要。相信中国人都知道“瑞雪兆丰年”。

先民对“雨”（降水）的观测和仪器的应用自然给了十足的重视。在甲骨卜辞中，对雨的描述已经有“大雨”“猛雨”“疾雨”“足雨”“多雨”“毛毛雨”等区别，甚至还注意到了雨的来向——这是最早对雨的观测。收录于《汉书 · 艺文志》的辞书之祖《尔雅》，在其第 8 篇《释天》中写道：“暴雨谓之涷，小雨谓之霡霂，久雨谓之淫，淫谓之霖，济谓之霁。”这大概是最早用来规范描述雨量的标准化用词。

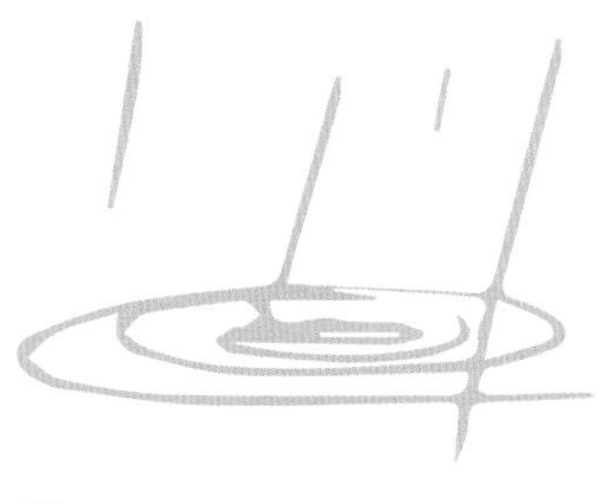

甲骨文在“水帘”之上加一横代表“上天”，表示天空降水。

有的甲骨文写成（上），明确“上天”的含义。

有的甲骨文在之上再加一横表示天空，即“雨”的外壳本来就是“下雨”的意思。

造字本义：天空降水。

雪，甲骨文＝（羽，飞舞在天空中）＋（雨点），比喻天空中纷纷扬扬的羽状飘落物。有的甲骨文将雨点状写成“雨”，强调雪的天象特点，表示空中飘飞的冰晶像白色羽绒一样。

历朝历代对降水（雨、雪）都很关心。公元 1247 年，南宋数学家秦九韶曾在《数书九章》卷四中列出了 4 道有关降水的算题。他在序中如是说："三农务穑，厥施自天。以滋以生，雨膏雪零。司牧闵焉，尺寸验之。积以器移，忧喜皆非。述天时第二。"怎样才能客观地从容器的雨雪量计算出有代表性的雨雪量呢？秦九韶出这 4 道题目，想来就在于解决这个难题。因此这 4 道题最后所问的，都是合平地的雨深是多少、雪厚是多少。从这里可以看出，当时秦九韶已经知道换算为平地的量，才是有代表性的量。

各种对雨量大小的形容词也多少佐证了古代各种雨量器的存在。

比如：瓢泼大雨。西汉著名的文学家东方朔（约公元前 154 年—约前 93 年）的生平被《汉书》记载。在《前汉 · 东方朔传》中有这样的文字"以瓢测海"，又说是"以蠡测海"。这里的瓢，是指剖开葫芦做成的舀水、盛酒的容器。而蠡为蠡升，指容量一升的瓢。

又如：倾盆大雨。当雨水灌满盆、盎，并从盆、盎中翻出时，称之为"翻盆"或"翻盆盎"，又称为"倾盆"。"翻盆""倾盆"之说，最早见于唐代。诗圣杜甫（712 年—770 年）所作《白帝》，诗中就记载有"白帝城中云出门，白帝城下雨翻盆"。唐末韩鄂的《岁华纪丽》卷二《雨》对"倾盆"注释："大雨"。后来就用"翻盆"或"倾盆"，形容雨势之大之暴；也可能是指雨水大且急，很快就将盆注满，并从盆中溢出。

可见，这些词语里的"瓢""盆或盎"在当时起到了雨量器的作用。除此之外，还有在《数书九章》中所提及的，我国古代早期使用各类测量雨雪的容器"天池""圆罂""峻积""竹器"。这些仪器取自日常生活，但欠精确，形制不一。

统一制式的雨量器成为迫切的需求。明永乐末年（公元 1424 年），出现了由国家制定的统一制造，供给地方州县和属国使用的雨量器。它由一个铜质的圆筒和石台组成的，圆筒高为一尺五寸，口径为七寸。

至今，在韩国的大邱、仁川等地，还保存着乾隆 1770 年颁发的雨量器。雨量器，圆筒用黄铜制造，外壁上刻有“锦营测雨器 高一尺五寸，径七寸 道光丁酉制 重十一斤”，圆筒底部则刻有“入番通引 及唱 次知使令”，安置于刻有“乾隆庚寅年五月造”的石台之上，它是世界上现存最早的标准制式的雨量器。康乾时期，朝廷将这种改进后的雨量器发到全国各地，用于当时的水文测站。这种雨量器与现在气象台站使用的雨量器相仿。

水则石碑

古人竖立水涯，把上刻尺度，用以测定和记录水位变化的石碑称为水则碑。“水则”的“则”意思是“准则”。水则碑的作用是测量水位，预防洪涝灾害。水位上涨的原因除了潮汐外就是降雨，所以也不失为另一个雨量的方法。水则，中国古代的水尺，又叫水志。最早的水则是李冰在修建都江堰时所立的 3 个石人，以水淹至石人身体某部位，衡量水位高低和水量大小。而水位因降水（雨、雪）而改变，间接反映了降水量的大小。

宋代已改为刻石十画，两画相距一尺的水则。北宋时，江河湖泊已普遍设立水则，主要河道上已有记录每日水位的水历。明清时江河为了报汛、防洪，往往上下游都设有水则。

古水则有 3 种形式。

无刻画，如石人水则、涪陵石鱼（重 3.5 吨）。又如南宋在今宁波设立的平字水则，上刻着一个大字“平”。规定涨水淹没平字，即开沿江海各泄水闸放水，以免农田受灾；落水露出平字就关闭闸门。明万历时绍兴重修三江闸，在闸旁，改设“则水牌”，刻金、木、水、火、土五字，规定水淹至某字，开闸若干孔放水。

只有洪枯水位刻画，如《水经 · 伊水注》记载三国魏黄初四年（223 年）伊阙石壁上的刻画及题词；自唐代已有的长江涪陵石鱼只刻记枯水位等。民间自刻的这类刻画不少，大江河上往往存有前代遗迹。

有等距刻画的水则碑，最为常见。如已知比较著名的吴江水则碑、宁波水则碑和绍兴水则碑。

《宋元四明六志校勘记》记有吴公其所创所修详载图志，另明代张国维《吴中水利全书》亦有记载。宋宣和二年（1120 年），太湖出口、吴江长桥（又名利往桥、垂虹桥）上的亭中竖刻有横道的石碑，用以量测水位，此碑还刻有非常洪水位。吴江长桥另一块刻有直道的石碑为记录每旬水位用，它上面也刻记非常洪水位。

水则碑分为“左水则碑”和“右水则碑”，左水则碑记录历年最高水位，右水则碑则记录一年中各旬、各月的最高水位。吴江的左水则碑碑石高 1.87 米，宽 0.88 米，厚 0.18 米。如果某年洪水位特别高，即于本则刻曰：某年水至此。该水则上刻写的最早年代为 1194 年。由此可知，水则不仅是观测水位所用的标尺，而且也是历年最高洪水水位的原始记录。其中，右水则碑于 1964 年时被发现，仍立于长桥垂虹亭旧址北侧岸头踏步右端。在碑面刻有“七至十二月”的 6 个月份，每月又分三旬的细线，还有“正德五年水至此”“万历卅六年五月水至此”等题刻字迹 4 处。左水则碑早于明清之际损毁。

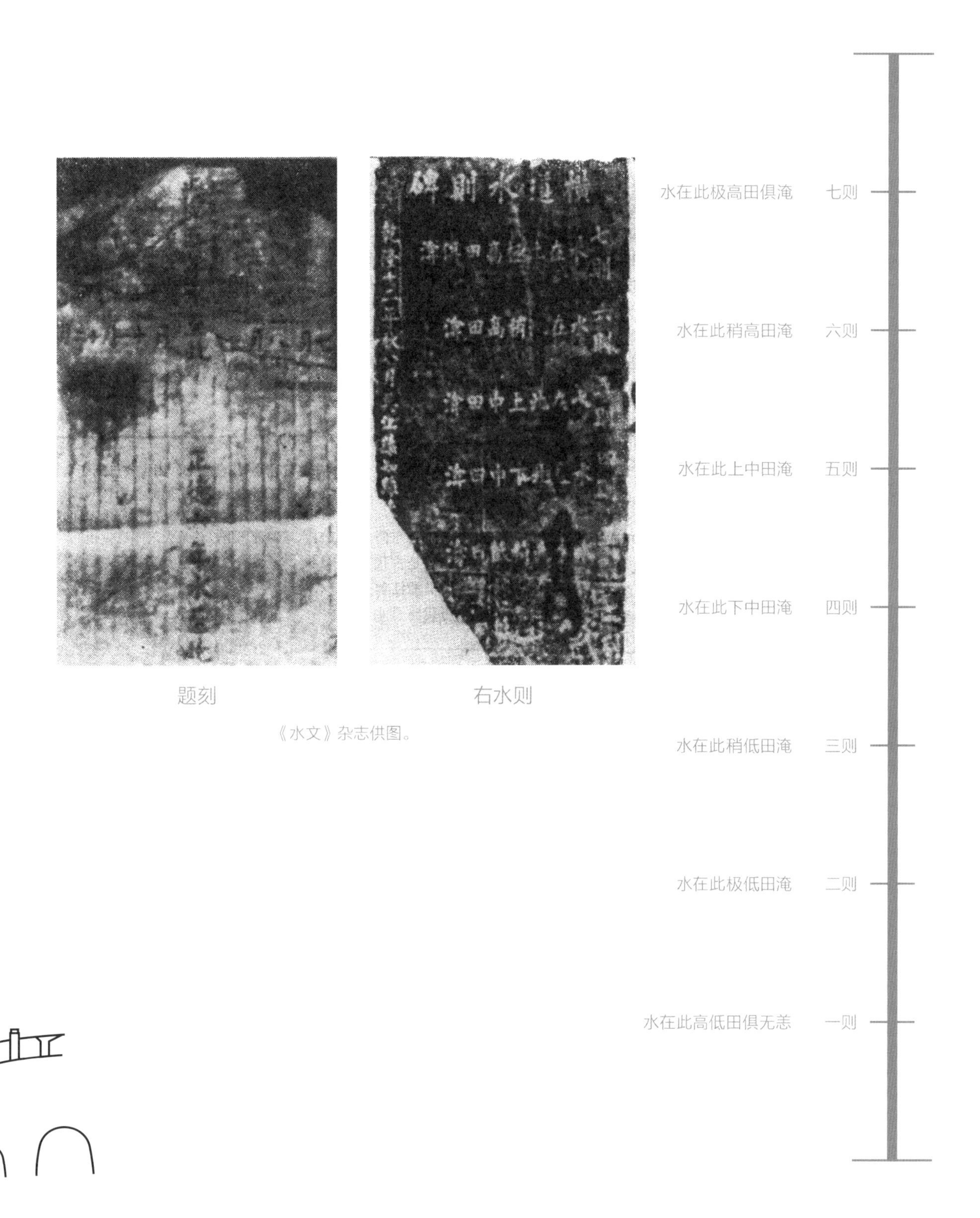

题刻　右水则

《水文》杂志供图。

宁波水则碑，位于宁波市海曙区镇明路西侧平桥街口（原是平桥河）。宋宝祐间（1253 年—1258 年）建，明清两代续修，现大部分石亭建筑为清道光时所建，保留了南宋的亭基和明代的重修“平”字碑。水则亭为水则碑而建，亭在四明桥下，取适中之地，测量水势。镌“平”字于石上，城外诸楔闸视“平”出没为启闭，水没“平”字当泄，出“平”字当蓄，启闭适宜，民无旱涝之忧。因此，后人把四明桥改称平桥。测水标尺为一“平”字碑，水淹“平”字则通知各地开闸泄水；水位线低于“平”字则立即命令闭闸积蓄淡水。水则亭为保庄稼丰稔、州郡平安发挥了重要作用。水则碑，利用平水的原理达到体察灾情、民情统一调度的目的，是我国城市古水利遗存中仅有的实例。

“平”字笔画第一横上缘的黄海海拔高度为 1.62 米。
第二横上缘为 1.36 米。推测第二横为当时的常水位线，与现在的常水位 1.33 米基本吻合。
最下端为 1.09 米
平

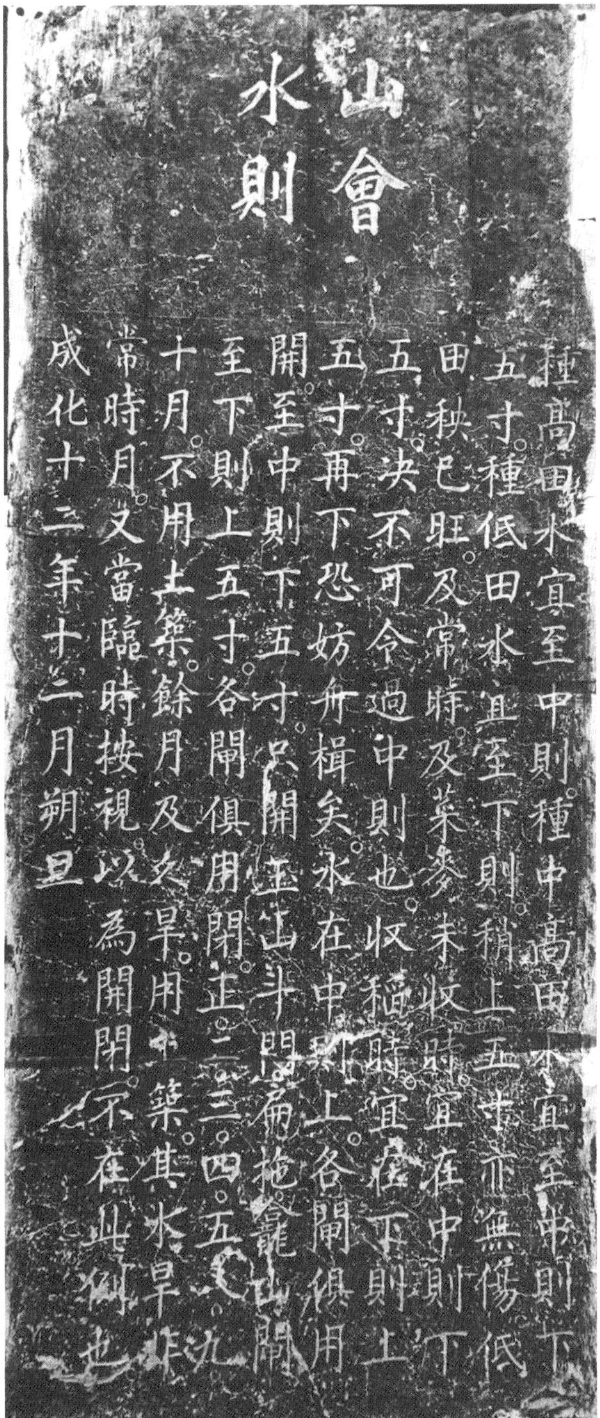

绍兴水则碑是在明成化年间，戴琥守越，为加强绍兴河湖水位管理，特在佑圣观前河中设立水则（即水位尺），又在佑圣观内竖立水则碑，即《山会水则碑》。规定“水在中则上，各闸俱开；至中则下五寸，只开玉山斗门、扁拖、龛山闸，至下则上五寸，各闸俱闭”。水则碑对山会平原的河湖水位，对不同季节、不同高程的农田耕作及舟楫交通，都能全面照顾到，而且设于府城之内，府衙之旁，便于观察和执行。它从成化十二年（1476 年）起，使用了 60 年，一直到三江闸的建成。该石碑现陈列于大禹陵碑廊。

除了雨量器和水则碑之外，是否还有其他观测雨量的方法呢？雨泽上报制度自秦汉到明清一直得到沿用，与此同时还有另一种雨量标准也在流行，这就是“雨水入土深度”。在民间和文人笔下也有“一犁雨”的说法:“雨以入土深浅为量，不及寸谓之‘一锄雨’；寸以上谓之‘一犁雨’；雨过此谓之‘双犁雨’。”官方也认可这一标准。

宋神宗熙丰年间，就曾至少有两次采用“禁中令人掘地”的办法，来确定雨量大小。明初洪武年间制定的“雨泽奏本式”，就明确要求奏明“雨泽事，据某人状呈：洪武几年几月几日某时刻下雨至某时几刻止，入土几分”等项内容。

引入雨水入土深度的概念，表明当时已更注重雨水的实际效果，接近土壤墒情的概念。但“入土深度”也没有成为上报雨水的唯一标准。首先，“入土深度”测量比测量地面得水之数要更加困难一些，且精确度也较差。其次，入土深度还受到土壤燥湿程

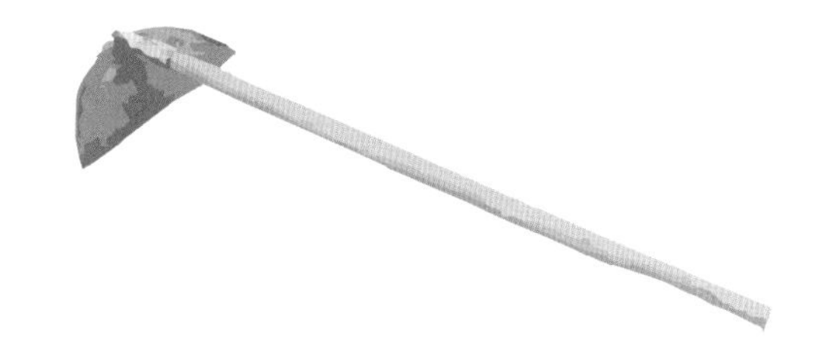

古代农具：锄（示意图）

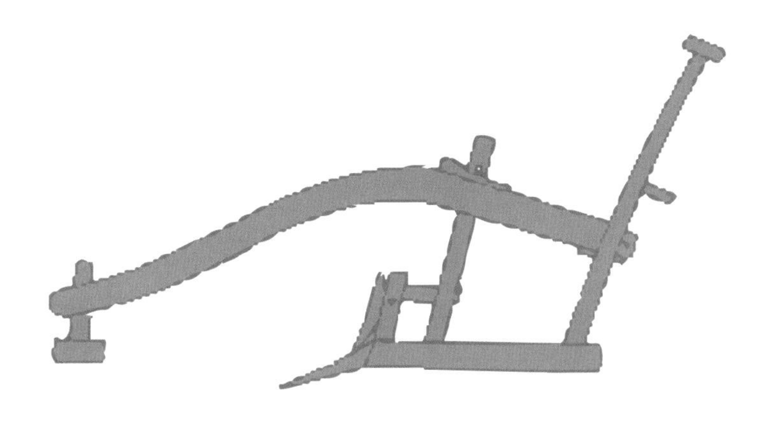

古代农具：犁（示意图）

度的影响。同时，还有一个雨水下渗时间长短的问题。加之国土辽阔，各地土壤性质迥异，不同地区雨水的入土深度没有可比性。因此，实际上，雨泽上报中是两种标准并行。清代上报雨泽的奏折中，有些奏折既有“入土数”，又有“得雨数”。

不过，古人已经引入雨水进入土壤深度的概念表明当时已经注重雨水的实际效果，接近现在水文学所说的土壤含水量。

世界雨量

公元前 4 世纪

公元前 4 世纪印度文献中所记载的雨量器，据称是最早有文献记载的雨量器。他们使用直径约 45.72 厘米的雨量计来确定应种哪种种子，为谷物生产设定了精确的时间标准。从犹太文本中获得的第二笔记录显示，巴勒斯坦部分地区的年降雨量约为 54 厘米，尽管目前尚不清楚是一年还是几年，仍可推测他们正在使用某种雨量计来测量降雨量。

雨量 决定 谷物种植时间

从公元 1200 年开始，雨量器的使用遍及整个亚洲。文字显示，中国人在主要城市安装了雨量器，对雨量特别感兴趣。这些地区的降雨量还被应用来估算全国各地的降雨量。韩国也在各地使用了雨量器，他们使用的雨量器设计从 15 世纪到 20 世纪都没有太大变化。根据英国皇家气象学会的研究，这些量具（量规）非常先进，当时的欧洲没有使用过任何这样的量具（量规）。

世宗大王

1441

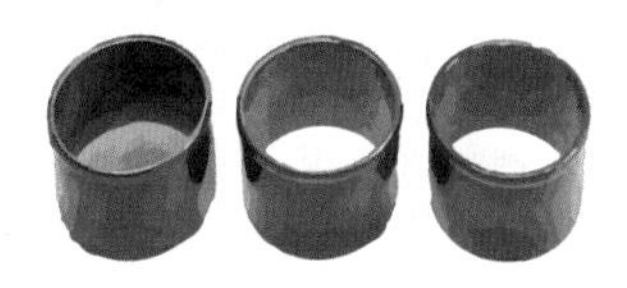

1200

1441 年，据称，朝鲜王朝（韩国）的世宗大王制作了第一个标准化的雨量计。试制的铁质测雨器标准尺寸:高 2 尺、径 8 寸，次年改为高 1.5 尺、径 7 寸的铜测雨器。世宗大王将之置于书云观台上，并颁令全国仿造，每次降雨后由专人观测并上报雨量深度。1770 年政府又重按原规格制测雨器，并责令八道两都仿造测雨器。目前，韩国中央气象台还保存有 1837 年所造的古青铜测雨器。

1639

雨量  降雨时间

1639 年，意大利数学家卡西内斯 · 本尼迪托 · 卡斯特利在圣彼得罗修道院构想了测量降雨强度的雨量计，以研究雨量水平的波动，还就其实验与伽利略交换了想法。在 1639 年 6 月 18 日卡斯特利神父给伽利略 · 伽利莱的信中描述了测量操作及其推论。这次雨量计的发明将降雨时间与降雨量的测量联系了起来。

这是在佩鲁贾（Perugia）的圣彼得罗修道院庭院的第一次实验。卡斯特利遇到了一场暴雨，这场暴雨袭击了特拉西梅诺湖，他给伽利略的信中提到："湖上下雨了……于是拿了一个圆柱形玻璃容器（已知量的水校准，在玻璃容器上标出了相应的高度）……我将它暴露在露天以接收掉进里面的雨水，我独自待了一个小时……又一个小时。"他用记号笔每小时标记雨水所达到的高度，成功地进行了欧洲降雨量的首次测量。他用简易的手持式雨量设备记录了当天圣彼得罗修道院持续数小时的降水量。

卡西内斯 · 本尼迪托 · 卡斯特利（Cassinese Benedetto Castelli）（1577 年—1643 年）

意大利数学家，伽利略的弟子。他当时最著名的论文之一《关于水的测量》于 1628 年在罗马出版。他还被认为是雨量器的发明者。

1662

Christopher Wren

时间推进到1662年，克里斯托弗·雷恩爵士将广泛的情报用于气象研究:他发明了翻斗式雨量计。这一雨量计由1个接收漏斗和3个隔间组成，3个隔间轮流每小时收集1次降水。他还在1663年设计了1个“天气钟”，用于记录温度、湿度、降雨量和气压。

克里斯托弗·雷恩（Christopher Wren）毕业于牛津大学，英国皇家学会的创始人（1680年—1682年任会长），历史上最著名的英国建筑师之一，同时也是解剖学家、天文学家、几何学家和数学家物理学家。

从1675年开始，他在大火过后重建了伦敦市86座教堂中的51座，（包括1710年竣工，被视为他的杰作的在拉德盖特山（LudgateHill）上的圣保罗大教堂（StPaul's Cathedral）。

1723年3月8日雷恩在汉普顿宫逝世，被安葬于圣保罗大教堂唱诗班席位之下的地穴内。教堂的门口建有墓碑，刻有拉丁文的墓志铭:Si monumentum requiris, circumspice（你在寻找他的纪念馆吗? 请看你的周围）。

1695年，罗伯特·胡克（Robert Hooke）设计了翻斗式雨量器，是最早的翻斗式雨量器，而他的设计理念也一直沿用至今。胡克将一个玻璃漏斗安装在一个木架上，漏斗的下端伸进一个较大的容器（集水盆）内，以将容器所收集到的雨水用秤称量。胡克的雨量器在伦敦使用了一年，收集了74厘米（29英寸）的水。

而早在1679年，他在好友雷恩爵士的空气钟基础上完成了他对空气钟的设计。

罗伯特·胡克（Robert Hooke）被视为可以与艾萨克·牛顿和帕斯卡比肩，被誉为“英格兰的莱昂纳多·达芬奇”。

他同样参与到了大火过后重建伦敦市86座教堂的工作，著名的有圣玛丽大教堂。

1669

Robert Hooke

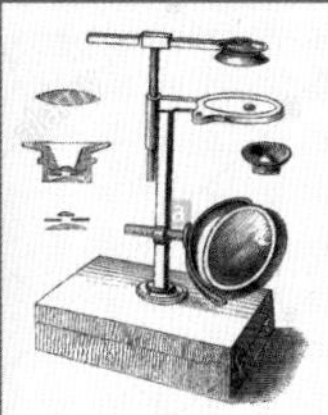

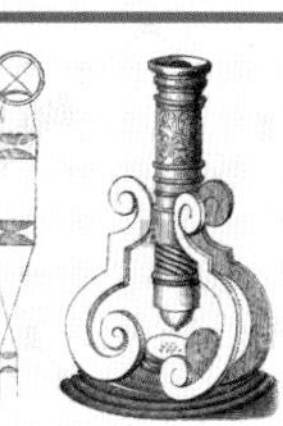

二　都江堰三神石人

水竭不至足，盛不没肩

三神石人

战国石人早已泯灭于时间的长河，全无觅处。但是，自古以来，都江堰周围有关于石人的各种传闻。据说，始作石人者即为那位著名的治水英雄李冰。

晋代崇州人常璩《华阳国志·蜀志》中，提及“三石人”。后郦道元《水经注》中描述得更清楚：“秦昭王以李冰为蜀守……西于玉女房下白沙邮，作三石人，立水中，刻要江神：‘水竭不至足，盛不没肩。’是以蜀人旱则藉以为溉，雨则不遏其流。故记曰：‘水旱从人，不知饥馑，沃野千里，世号陆海，谓之天府也。’邮在堰上。”白沙邮在都江堰上游，位于今都江堰市白沙场一带。

李冰立石人，就是作“水则”之用，以监测岷江的水位高低和水量大小，跟刻记长江枯水位的“涪陵石鱼”的用途大同小异。石人测水为李冰首创。不过到宋 1056 年在宝瓶口改用水则，在右侧离堆石壁刻有 10 则（1 则约合现在的 31.6 厘米），要求侍郎堰堰底以 4 则为度，堰顶高以 6 则为度，作为河道疏浚标准，从而调节控制宝瓶口进出水量的目的。

这刻有九字铭文的石人，除了常璩做的相关描述并没有更多的依据。1974 年—2014 年 40 年间，在都江堰渠首相隔不足百米的范围内，分四次，共出土了五尊石人，但尚未发现刻有这九字的石人。或许未来有三神石人会再聚首的一天。

石犀牛，成都博物馆藏

这尊“镇水神兽”的外形十分巨大，长 3.31 米，宽 1.38 米，高 1.93 米，重达 8.5 吨。略尖的头部有一道突起，就像是上下颌的分界，腮部还绘有卷云纹；身体两侧绘有大小不一的祥云状花纹；四只脚均刻有蹄；屁股和尾巴也是棱角分明。

都江堰石人，现存于四川都江堰伏龙观

1974 年，都江堰枢纽工程新建外江水闸，将原安澜桥下移到现在的位置。3 月 3 日，出土了东汉时期刻凿的两尊李冰石像。一尊题字为“故蜀郡李府君讳冰”“建宁元年闰月戊申朔二十五日都水掾尹龙长陈壹造三神石人珍（镇）水万世焉”；一尊题字已模糊而不可辨。这很可能是仿照李冰所立石人而制，既可纪念李冰，又可以作水位衡量的标志。石像高达 2.9 米，折合古尺在一丈有余，这个高度很可能兼有水位标示作用。这李冰石像显然就是“都水掾”（官名，可简称“都水”，职位低于太守）尹龙长、陈壹二位模仿“三石人”所造的“三神石人”之一，而且是其中最尊贵的一位，故有详细的铭文。

李冰治水

李冰（生卒年、出生地不详），战国时代著名的水利工程专家。公元前256年—前251年被秦昭王任为蜀郡（今成都一带）太守。期间，他征发民工在岷江流域兴办许多水利工程，其中以他和儿子李二郎一同主持修建的都江堰水利工程最为著名。他提出“分洪以减灾，引水以灌田”的治水方针。从上游数起，主要有百丈堤、都江鱼嘴、内外金刚堤、飞沙堰、人字堤、宝瓶口，使得岷江在都江堰成功地实现了分流，实现了既消除西面水患、又消除东面旱灾的缺陷，一举两得，功德无量。其中最重要的是都江鱼嘴、飞沙堰与宝瓶口，现在可以肯定，这3项主要工程都是李冰所主持修筑的。

都江堰这项岷江中游规模浩大的工程，历经2000多年风雨仍发挥着越来越巨大的作用，千年无坝的都江堰水利工程堪称人与自然和谐统一的代表。

岷江
发源于岷山，一路急
流直入平川。

内金

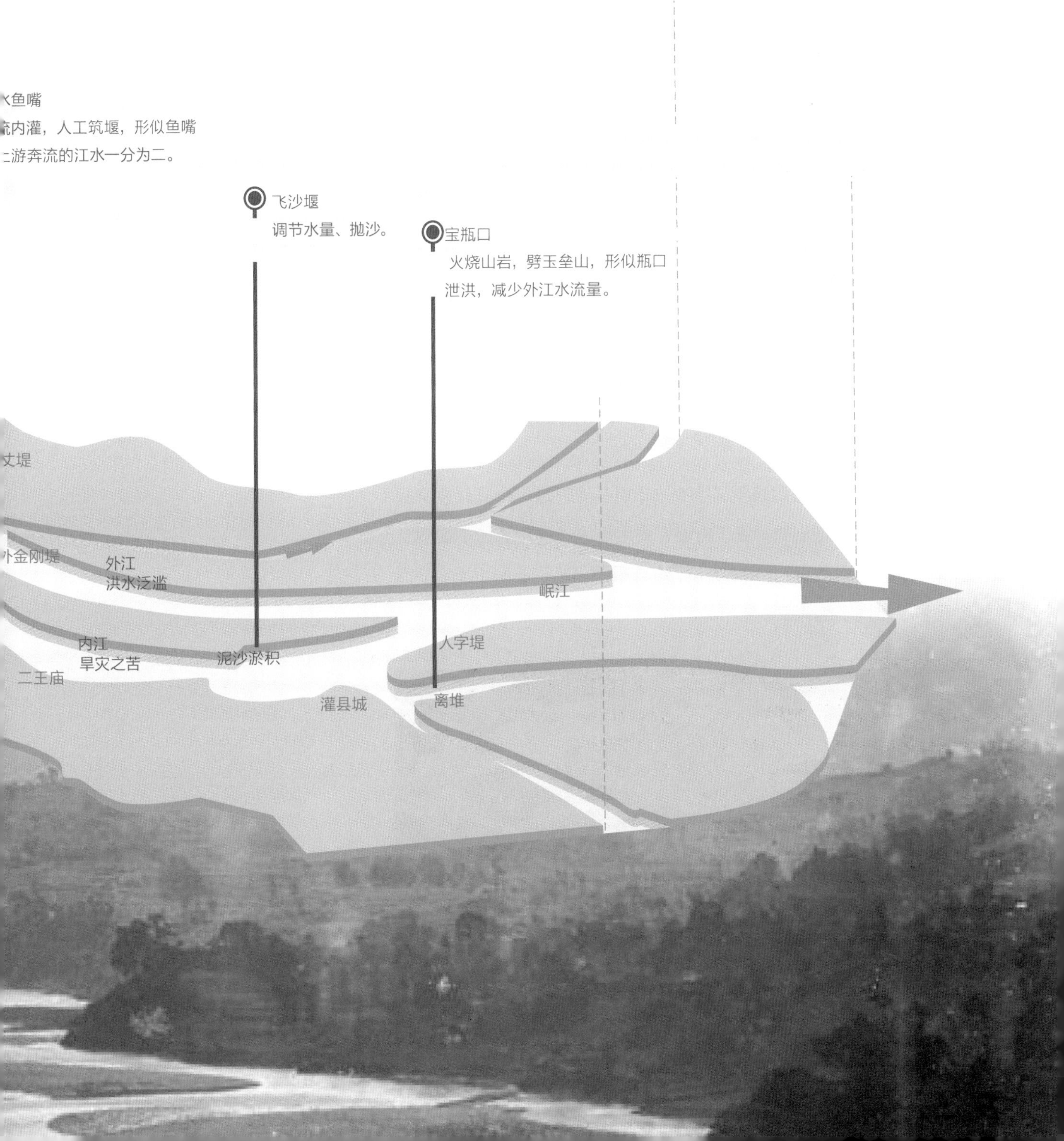

鱼嘴
内灌，人工筑堰，形似鱼嘴
游奔流的江水一分为二。
飞沙堰
调节水量、抛沙。
宝瓶口
火烧山岩，劈玉垒山，形似瓶口
泄洪，减少外江水流量。
丈堤
金刚堤
外江
洪水泛滥
岷江
内江
旱灾之苦
泥沙淤积
人字堤
二王庙
灌县城
离堆

在修筑这条分水堤堰的时候，一开始采用向江心抛掷石块的办法，但由于江流过急而始终没有成功。后改用竹子编成的长 10 米、宽 0.6 米的特大竹笼装满大块的卵石沉入江底，才终于筑成了这条大堤堰。这条分水堤堰，也就是《华阳国志·蜀志》与《水经注·江水》所记载的“壅江作堋”的“堋”。这个分水鱼嘴和灵渠上的铧嘴、沱江官渠的平水梁很相似，它们之间究竟是否存在承继或学习启迪的关系，许多专业学者们仍在继续深入研究。

飞沙堰的修筑方法与鱼嘴分水堰相同，也是用特大竹箱装满卵石而堆筑成功的。这条堰的难点与关键，在于它的高度必须正好适宜，才能使内江的水位在达到一定高度后，江水漫过堤堰而流入外江。在内江水位过高、水量特大、水速过急时，更会把堤堰冲垮，内江的水直泄外江，更可以确保内江整个灌区的安全。这条堤堰所以取名为飞沙堰，还因为它与宝瓶口配合，有排沙作用。

分水鱼嘴与飞沙堰所采用的竹笼填石法，是一个既简便又高效的创新，就地取材，施工方便，费用低廉，实用高效。在建筑学上，人们对此有 16 字的高度评价：重而不陷、击而不反、硬而不刚、散而不乱。

嘉慶二十三年戊寅孟夏上浣之吉
深淘灘低作堰
權灌縣事王夢庚敬書住持申復淦勒石

三　数书九章天池盆

数学题里的降水测量

天池测雨

天池测雨实为天池盆测雨，天池盆被认为是中国古代最早被记载的雨量器之一。南宋《数书九章》第二卷中《天时类》共9题，与测雨相关占了4题，可见天时对农时的重要程度。这4题分别是“天池测雨”“圆罂测雨”“峻积验雪”和“竹器验雪”。其中“天池测雨”所描述的“天池盆”已经和现代气象观测所使用的雨量筒非常接近了，而方法上则采取“平地得雨之数”来度量雨水，堪称世界上最早的雨量计算方法，为后来的雨量测定奠定了理论基础。书中也把“降雪”也纳入“降雨量”的范畴，只可惜，在降雪量测量方面，只实测了降雪的厚度，并没进一步折算为降水量。

与降水相关的四问，让天池盆、圆罂、峻积和竹器4个器具跃然纸上，它们成为有文字记载的最早的雨量器，虽然尚未形成标准制式，但雨量器的功用毋庸置疑。

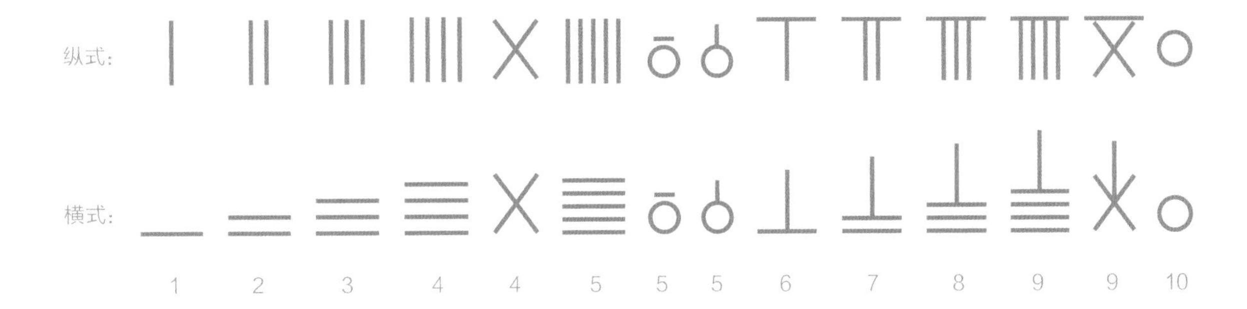

算筹数码不断演化，最为出色的“南宋数码”最早是由南宋数学家秦九韶改创的。在他的《数书九章》中，“南宋数码”成为一套专用的计数符号贯穿始终。南宋数码同算筹数码一样，包括纵横两种形式（4、5、9有多种表现方式）。

天池测雨

问 今州郡都有天池盆以测雨水　但知以盆中之水为得雨之数　不知器型不同则受雨多少亦异　未可以所测便为平地得雨之数　假令盆口径二尺八寸　底径一尺二寸　深一尺八寸　接雨水深九寸　欲求平地雨降几何

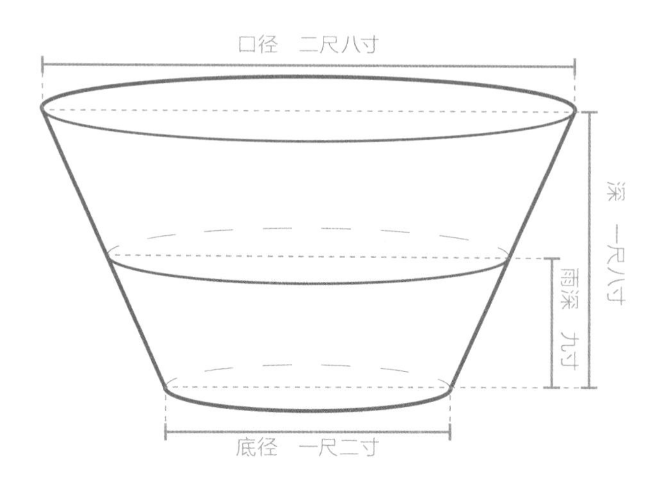

术 盆深乘底径　为底率　二径差乘水深　并底率　为面率　以盆深为法除面率　得面径　以二率相乘　又各自乘三　位并之　乘水深　为实盆深　乘口径　以自之　又三因为法除之　得平地雨深

草 以盆深及径皆通为寸　盆深得一十八寸　底径得一十二寸　相乘得二百十六寸　为底率

盆深 18 寸　底径 12 寸
底率　$18 \times 12=216$ 寸

置口径二十八寸　减底径一十二寸　余一十六寸　为差　以乘水深九寸　得一百四十四寸　并底率二百一十六寸　得三百六十寸　为面率

口径 28 寸
面率　$(28-12) \times 9+216=360$ 寸

以盆深一十八寸为法　除面率　得二十寸　展为二尺　为水面径

水面径　$360 \div 18=20$ 寸 =2 尺

以底率二百一十六寸　乘面率三百六十寸　得七万七千七百六十寸　于上　以底率二百一十六寸自乘　得四万六千六百五十六寸　加上　又以面率三百六十自乘　得一十二万九千六百　併上　共得二十五万四千一十六　以乘水深九寸　得二百二十八万六千一百四十四寸　为实

实　$(216 \times 360+216^2+360^2) \times 9=2\,286\,144$ 寸

以盆深一十八寸乘口径二十八寸　得五百四寸　自乘　得二十五万四千一十六寸　又三因　得七十六万二千四十八寸　为法　除　实得三寸为平地雨深　合问

法　$(18 \times 28)^2 \times 3=762\,048$ 寸
$2\,286\,144 \div 762\,048=3$ 寸

答 平地雨降三寸

圆罂测雨

问　以圆罂接雨　口径一尺五分　腹径二尺四寸　底径八寸　深一尺六寸　并里明　接得雨一尺二寸　圆法用密率　问平地雨水深几何

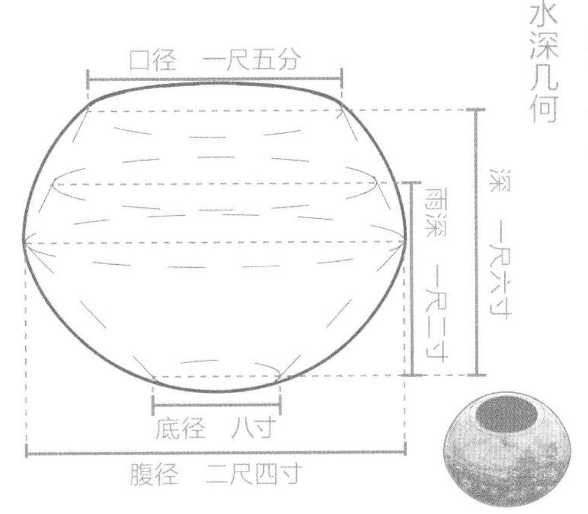

术　底径与腹径相乘……

草　置底径八寸与腹径二十四寸……

下率　$(8\times24+8^2+24^2)\times8\times11=73216$

面率　$8\times10.5+(24-10.5)\times4=138$

腹率　$8\times24=192$

$$\frac{8^2\times73216+11(138\times192+138^2+192^2)}{10.5^2\times(8^2\times14\times3)}$$

$=18\cdots\cdots257932$

$=18\frac{64483}{74088}$

答　平地水深一尺八寸七万四千零八十八分寸之六万四千四百八十三

峻积测雪

问　验雪占年　墙高一丈二尺　倚木去址五尺　梢与墙齐　木身积雪厚四寸　峻积薄平积厚　欲知平地雪厚几何

雪厚　四寸
墙高　一丈二尺
平地积雪厚
去址　五尺

术　以少广求之　连枝入之……

草　以问数皆通为寸……

$$\frac{(50^2+120^2)\times4^2}{100\times50^2}$$

$=108.16$

$\sqrt{108.16}$

$=10.4$ 寸

答　平地雪厚一尺四分

竹器测雪

问　以圆竹筐验雪　筐口径一尺六寸　深一尺七寸　底径一尺二寸　雪降其中高一尺　筐体通风　受雪多则平地少　欲知平地雪高几何

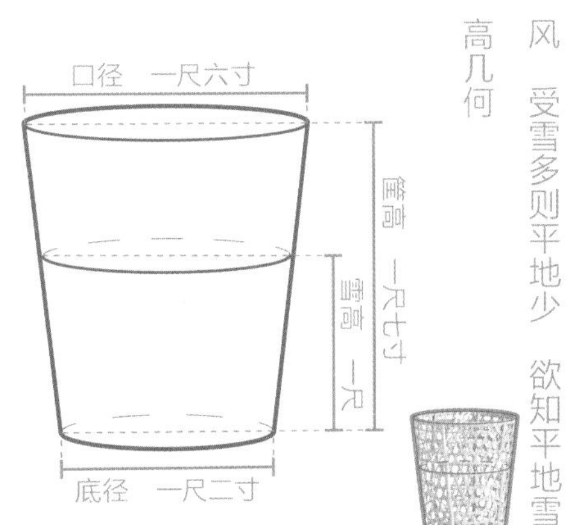

术　口径减底径　余　乘雪深半之　自乘　为隅

以筐深幂乘雪深幂　併隅　又乘雪深幂　为实

隅实可约　约之

开连枝三乘方　得平地雪厚

草　以问数皆通为寸……

$=9\frac{764}{2439}$ 寸

答　平地雪厚九寸二千四百三十九分寸之七百六十四

数书九章

《数书九章》由中国南宋数学家秦九韶1247年撰。最初叫《数术大略》或《数学大略》（9卷），分为9类，每类为一卷。约到元代时更名为《数学九章》，内容也由9卷改为18卷，每类拆分为两卷。

1247年
《数术大略》或《数学大略》（9卷）

明初抄本被收入《永乐大典》（1408年），另抄本藏于文渊阁。明代学者王应遴传抄时定名为《数书九章》，明末学者赵琦美再抄时沿用此名。

1408年
收入《永乐大典》

1781年
收入《四库全书》

以抄本形式流传到清代，1781年由李锐校订后收入《四库全书》。

1842年由宋景昌校订后收入《宜稼堂丛书》第一次印刷出版，结束了近600年的传抄历史。

1842年
收入《宜稼堂丛书》

1898年
收入《古今算学丛书》

1898年收入《古今算学丛书》，为第二次印刷。

1936年又分别被收入《丛书集成初编》和《国学基本丛书》出版，流传甚广。

1936年
收入《丛书集成初编》和《国学基本丛书》

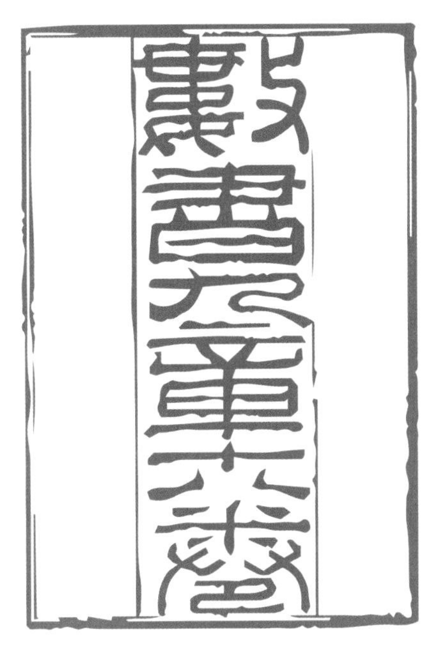

《数书九章》全书9章18卷，包含9类："大衍类""天时类""田域类""测望类""赋役类""钱谷类""营建类""军旅类""市物类"，每类9问共计81问。

该书内容丰富至极，上至天文、星象、历律、测候，下至河道、水利、建筑、运输，各种几何图形和体积，钱谷、赋役、市场、牙厘的计算和互易。

该书著述方式，大多由"问曰""答曰""术曰""草曰"四部分组成。"问曰"，是从实际生活中提出问题；"答曰"，给出答案；"术曰"，阐述解题原理与步骤；"草曰"，给出详细的解题过程。

目前还有十几种抄本传世，成为学者研讨时的珍品，划时代的巨著。书中的许多计算方法和经验常数仍有很高的参考价值和实践意义，被誉为"算中宝典"。

它是国内外科学史界公认的一部世界数学名著。不仅代表着当时中国数学的先进水平，也标志着中世纪世界数学的成绩之一。中国数学史家梁宗巨评价道："秦九韶的《数书九章》是一部划时代的巨著，内容丰富，精湛绝伦。特别是大衍求一术（不定方程的中国独特解法）及高次代数方程的数值解法，在世界数学史上占有崇高的地位。那时欧洲漫长的黑夜犹未结束，中国人的创造却像旭日一般在东方发出万丈光芒。"

大衍求一术

大衍问题源于《孙子算经》中的“物不知数”问题：“今有物，不知其数，三三数之剩二，五五数之剩三，七七数之剩二，问物几何？”这是属于现代数论中求解一次同余式方程组问题。《数书九章》中对此类问题的解法作了系统的论述，并称为大衍求一术。

秦九韶的“大衍求一术”，即现代数论中一次同余式组解法，是中世纪世界数学的成就之一，比西方1801年著名数学家高斯（Gauss，1777年—1855年）建立的同余理论早554年，被西方称为“中国剩余定理”。但是他的求积公式数学成就，比古希腊数学家海伦（Heron，公元50年前后）晚了1000多年。中国剩余定理在近代抽象代数学中占有一席非常重要的地位。

一次方程组解法

秦九韶还改进了一次方程组的解法，用互乘对减法消元，与现今的加减消元法完全一致。同时他又给出了筹算的草式，可使它扩充到一般线性方程中的解法。在欧洲最早是1559年布丢（Buteo，约1490年—1570年，法国）给出的，他开始用不很完整的加减消元法解一次方程组，比秦九韶晚了312年，且理论上的完整性也逊于秦九韶。

他的书中卷五《田域类》所列三斜求积公式与公元1世纪古希腊数学家海伦给出的公式殊途同归；卷7、卷8测望类又使《海岛算经》中的测望之术发扬光大，再添光彩。

任意次方程

《数书九章》创拟了正负开方术，即任意高次方程的数值解法，秦九韶所发明的此项成果比1819年英国人霍纳（Horner，1786年—1837年）的同样解法早572年。他的正负方术，列算式时，提出“商常为正，实常为负，从常为正，益常为负”的原则，纯用代数加法，给出统一的运算规律，并且扩充到任何高次方程中去。

三斜求积术

秦九韶还创用了“三斜求积术”等，给出了已知三角形三边求三角形面积的公式，与古希腊数学家海伦公式完全一致。秦九韶还给出了一些经验常数，如筑土问题中的“坚三穿四壤五，粟率五十，墙法半之”等，即使对当前仍有现实意义。他还在第18卷（原第9卷）77问“推计互易”中给出了配分比例和连锁比例的混合命题的巧妙且一般的运算方法，至今仍有很大意义。

本太虚生一，而周流无穷，
大则可以通神明，顺性命；
小则可以经世务，类万物。

书香门第

祖父秦臻舜，绍兴三十年进士，通议大夫（正四品）奉祠普州。

父亲秦季槱，绍熙四年进士，先后任巴州（今四川巴中）守、工部郎中、秘书少监、潼川知府等，官至显谟阁直学士（从三品）。

祖母和母亲出身书香门第，仕宦之家。祖母能与祖父在诗词和绘画方面唱和、切磋。母亲尤善琴韵、丹青，图写特妙。

无一不学

于日历所、太史局、国史院、图书馆，阅读大量典籍。

天文、历法、理学，师从理学家、思想家魏了翁。

数学，数学启蒙老师是有“隐君子”之称的陈元靓。

建筑、土木工程等，师从当时营造方面的顶级专家，深入工地，了解施工。

骈俪诗词，师从著名词人李刘。

无不精究

性极机巧，星象、音律、算术，以至营造等。

莫不能知

游戏、毬、马、弓、剑等。

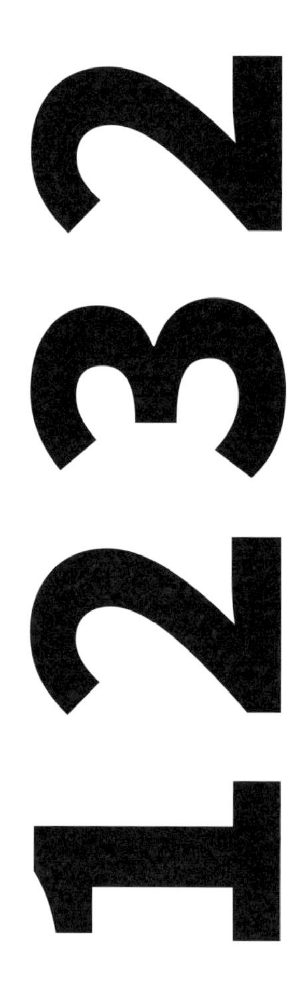

1232

八月乙丑进士

123

临安丁父忧，

间在西溪上

修建一座桥，

“西溪桥”。

家朱世杰为

秦九韶，将

名为“道古

秦九韶（1208 年—1268 年），字道古，汉族，鲁郡（今河南范县）人。书香门第，三代进士，世代为官，南宋著名数学家，与李冶、杨辉、朱世杰并称为宋元数学四大家。

秦九韶在数学上的主要成就是系统地总结和发展了高次方程数值解法和一次同余组解法，提出了相当完备的“正负开方术”和“大衍求一术”，达到了当时世界数学的最高水平。

秦九韶一生有人说“毁誉参半”，也有人推崇他。他既重视理论又重视实践，既善于继承又勇于创新，既关心国计民生，体察民间疾苦，主张施仁政，又是支持和参与抗金、抗蒙战争的世界著名南宋数学家。

他令中国古代数学傲立于世界数学史。美国著名科学史家萨顿称秦九韶：“他是那个民族、那个时代，最伟大的数学家，并且也是所有时代最伟大的数学家之一。”

1244

8 月，以通直郎为建康府（今江苏南京）通判，11 月离任回湖州守母孝。

1247

他专心致志研究数学，于 9 月完成数学名著《数书九章》。由于在天文历法方面的丰富知识和成就，他曾受到皇帝召见，阐述自己的见解，并呈有奏稿和《数学大略》（即《数书九章》）。

1254

秦九韶回到建康，改任沿江制置使参议，不久去职。

1258

任琼州守

1268

1261 年被贬至梅州做地方官任知军州事，在梅州辞世，时年 61 岁。

四 候气观云书相雨

奏报雨泽

天时农时

中国自古以农立国，而雨水又是影响农业收成的主要自然条件，关乎百姓生机和江山社稷。统治者对雨情自然极为重视。从秦朝开始算起，雨泽奏报制度延续到宋朝、然后明清。历经数千年，不同时期的历史环境和气候环境，雨泽奏报制度突显着不同的特征。

天时即农时，中国古代的雨泽奏报制度由来已久，尽降水记录和归档之事，逐步完整逐步系统的使其制度化、法制化。

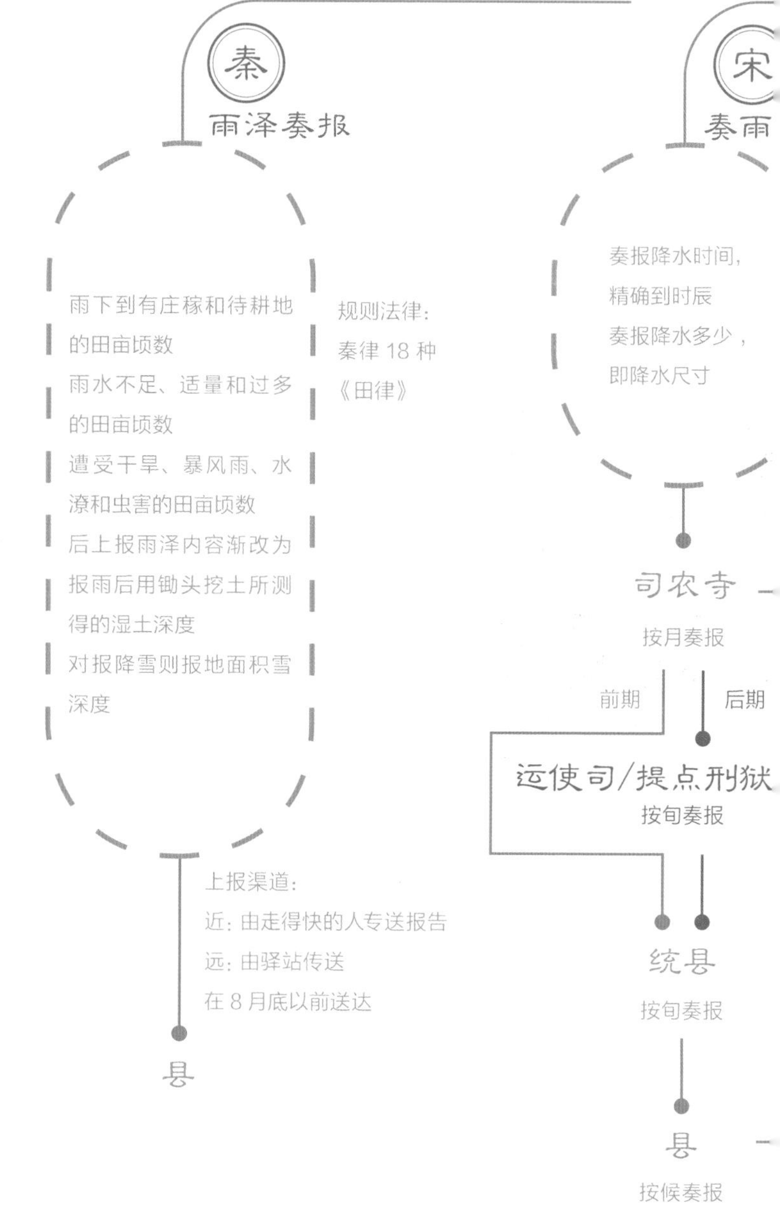

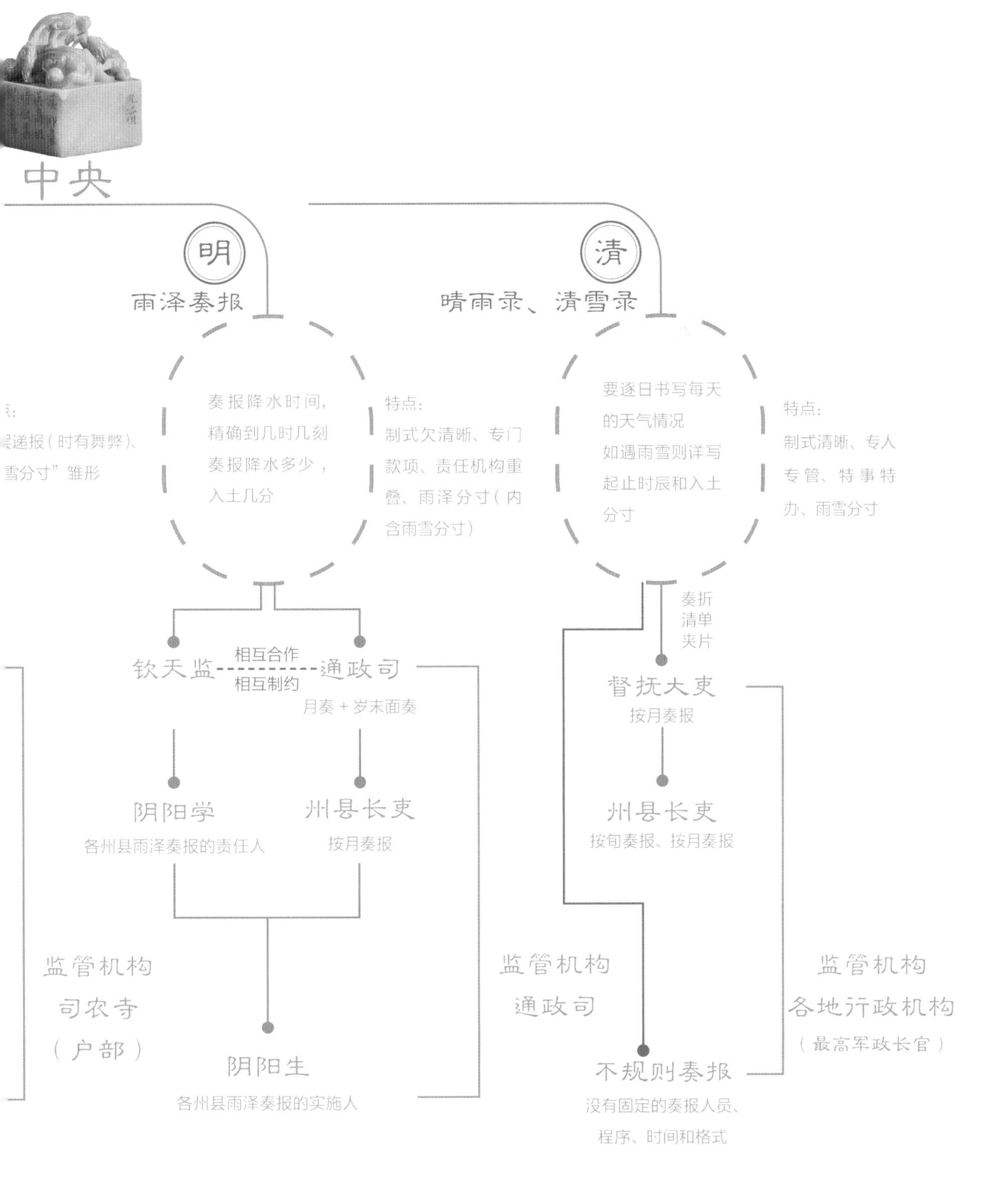
中央
明
雨泽奏报
奏报降水时间，
精确到几时几刻
奏报降水多少，
入土几分
特点：
制式欠清晰、专门
款项、责任机构重
叠、雨泽分寸（内
含雨雪分寸）
递报（时有舞弊）、
雪分寸”雏形
钦天监
相互合作
相互制约
通政司
月奏＋岁末面奏
阴阳学
各州县雨泽奏报的责任人
州县长吏
按月奏报
监管机构
司农寺
（户部）
阴阳生
各州县雨泽奏报的实施人
清
晴雨录、清雪录
要逐日书写每天
的天气情况
如遇雨雪则详写
起止时辰和入土
分寸
特点：
制式清晰、专人
专管、特事特
办、雨雪分寸
奏折
清单
夹片
督抚大吏
按月奏报
州县长吏
按旬奏报、按月奏报
监管机构
通政司
监管机构
各地行政机构
（最高军政长官）
不规则奏报
没有固定的奏报人员、
程序、时间和格式

清代雨泽奏报

奏折一

上折时间：康熙四十七年（1708 年）7 月

上折官员：（江南织造）李熙 

上折内容：《奏报捐银买米平粜不敢求利事》折："扬州七月初八、初十、十一、十二连日狂风大雨，水势骤长，低田淹没。十三日以来幸天气晴明，无复雨意，可望水退，而田禾 不至有害……"

奏折朱批："知道了。"

奏折二

上折时间：康熙五十年（1711 年）2 月 29 日

上折官员：（江宁织造）曹寅 

上折内容：《奏报扬州米价甚平并进晴雨册》

奏折朱批："《晴雨录》如何迟到今年才到，不合明白，回奏。"

奏折三

上折时间：乾隆七年（1741 年）4 月 28 日、5 月 22 日

上折官员：（两淮盐政）准泰

上折内容：《奏报淮扬等处雨水二麦情形事》："三月下旬积雨之时，麦苗不无伤损，间有一隅失收……""四月十五日，正皆（二麦）吐秀之时，又遇大雨，低田二麦未免减损收成分数……"

《奏报两地地方五月夏麦雨水及米价事》："五月初七至十二等日，连遇阴雨，洼地麦穗稍觉减色……"

奏折朱批："知道了。"

奏折四

上折时间：嘉庆三年（1798 年）年 12 月初、12 月上旬

上折官员：（两淮盐政）征瑞

上折内容：降雪奏折中写道，"兹扬州城于十一月十九暨二十六七连得雨雪，旋落旋融，入土深透。二十八日瑞雪缤纷，积厚三寸有余。其附近之高邮、仪征、兴化各州县亦据报同时得雪优霑。"

十二月上旬，征瑞又上折呈报，续得瑞雪的情形："两淮扬州府属暨通泰海各州，于十一月及二十七八等日得雪后，兹扬州郡城复于十二月初四日续得瑞雪，六出缤纷，自申时起至初五日巳时止，积厚六寸远近普沾，极为透足。并据高邮、泰州、仪征、山阳各州县禀报，亦于初四、五日同沾雪泽，自三四寸至五六寸不等。在田二麦屡获冬雪滋培，蟋根深固，倍见长发。农民预庆丰收，地方照常宁谧……"

奏折朱批：嘉庆帝分别在奏折的末端朱批"欣慰览之"。

五　相雨之书观云之图

察日月星宿候雨止天晴

相雨书十篇

作为中国古代第一部预测类气象典籍，《相雨书》最大的遗憾就是我们不能确定其真正的作者，无从了解作者的社会背景和知识储备。姑且接受目前推断最多可能的隋末唐初年间，黄子发编撰此书。

《相雨书》全书有 169 条，已缺 32 条，现条 137 条。为木刻本，共 11 双页。书中，元代方回在序中说："往年予适楚，偶于故家败簏中得是书，残编断简，仅十四页。披阅其目，校之，祗阙数行而已。于是手录一过，并赘以赞曰：天地之大，万物俱载。不风不雨，民复食土；既风既雨，乃得其所；数风数雨，人民其苦。若夫太平之世，五风十雨，市井晏安之时。得之是书以课卜阴晴，亦是隐居一乐耳。"说明此书是用作课卜阴晴而抄写的。

全书分"候气""观云""察日月并星宿""会风详声""推时""相草木虫鱼玉石""候雨止天晴""祷雨祈晴"等 9 篇。据方回原序，"会风"与"详声"分为两篇，而将"相草木虫鱼玉石"称为杂观，故云："右《相雨书》十篇。"可见"会风"与"详声"系方回手录时归并的。"祈晴"少 7 条，这在方回发现此书时已失，因为原书该处有"下阕七条"之注。

书中各部分的分类，虽较粗略，但有一定意义。例如："候气"

部分是根据大气光、电、雾等现象（即晕、珥、霞、虹、电，能见度、雾等）预报风雨；“观云”部分是根据云量、云色、云的运动、云形（跃鱼云，如羊猪之云、海涛状云、鱼鳞云、水牛云、覆船云、抒抽云、乱草云、龟云、散泉云、云海等）、云的方位等来预报雨出现的时间及强度；“察日月并星宿”部分是根据日出时太阳光辉、伴同的风雨冷暖情况及夜间星月情况等，来预报降雨；“会风详声”部分是根据风及声音推断大雨；“推时”部分是中长期预报经验；“相草木虫鱼玉石”部分是根据物象预报天气；“候雨止天晴”部分是预报天晴的征兆；“祷雨”及“祈晴”部分，介绍了一些祭祀的仪式。

此书为摘自古书的看天经验专辑。所摘均为便于百姓根据当时气象状况判断未来天气的。并且首次将通过二十四节气预测天气的气象理论述以笔端。

书中所刊的天气经验，至今仍很有参考价值。例如：“云若鱼鳞，次日风最大”，这是卷积云天气，说明空气不稳定。又如“凡秋冬，以东风南风有雨；春夏以西风北风有雨”；“云逆风行者，即雨天”，说明有锋面天气即将出现。

《相雨书》是迄今见到的，世界气象科学史上早期总结天气经验的书籍。

识云观雨

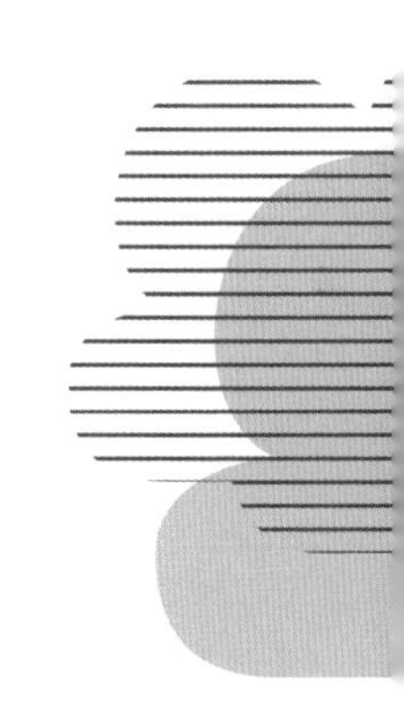

识云，观雨。

看云的万千变幻，观测雨雪的百态千姿。通过对云层的形状、薄厚、颜色及其变化的认知和观察，来预判降雨和了解天气的变化。在那些留下来的物候、农谚、民谣以及诗词歌赋里，云和雨就这样常常一起出现。

上天同云　雨雪雰雰
《诗经·小雅》

暴风之候　有炮车云
（唐）李肇

游人脚底一声雷　满座顽云拨不开
天外黑风吹海立　浙东飞雨过江来
（宋）苏轼

天有城堡云　地上雷雨临
民谚

腾云似涌烟　密雨如散丝
（西晋）张协

纵使晴明无雨色　入云深处亦沾衣
（唐）张旭

通过文字和图画里留下来的云卷云舒，我们看到了书写者看云的心得感受，看到了当时的晴雨交替，也看到了古代科学家对云雨形成机制的论述。

唐代有关民间天气经验的书籍中，最有名的是《相雨书》。书中说：云中出现黑色和红色，就会下冰雹。而现代云物理的研究让我们知道雹云的颜色先是顶白底黑，而后云中出现红色，形成白、黑、红的乱纹云丝，云边呈土黄色。由此可见，对可能下冰雹的云的颜色，古今的描述基本一致。

而民谚更让我们看到了古时“大数据”的力量，那是代代相传的经验的累积。比如“云往东，车马通；云往南，水涨潭；云往西，披蓑衣；云往北，好晒麦”——这是人们根据云的移动方向来预测阴晴：云向东、向北移动，预示着天气晴好；云向西、向南移动，预示着会有雨来临。云的移动方向，一般表示它所在高度的风向。这一谚语说明了云在低气压空气中不同部位的分布情况，适用于密布全天、低而移动较快的云。大气里面不单有云，还有风有雨。

这些行云生消的推演，风雨的预知，是农时的保障，是朴素的科学，也是千百年厚重的中国传统文化。

云图雨书

发现的最早云图是马王堆三号墓出土的《天文气象杂占》（西汉帛书）和敦煌出土的《占云气书》（唐天宝初年）。

天文气象杂占

占云气书

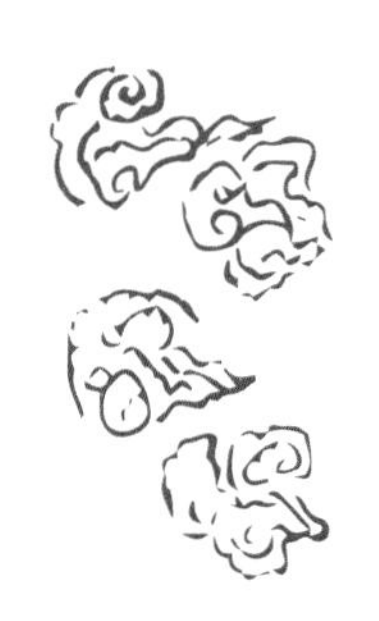

明代典籍《正统道藏》中有《雨旸气候亲机》《雨晒气候亲机》两篇，内有云图 39 幅。

雨旸气候亲机

雨晒气候亲机

明茅元仪所著《武备志·载度占》中记载《玉帝亲机云气占候》一文，内有 51 幅云图和日、月、星之星象图。

玉帝亲机云气占候

《汉书 · 艺文志》中有《国章观霓云雨》等书。

国章观霓云雨

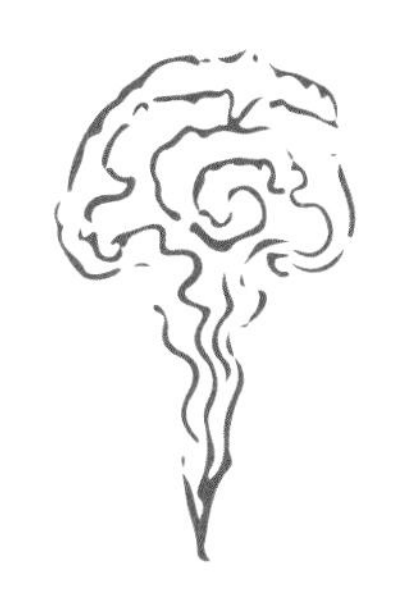

宋代典籍中有《日月晕珥云气图占》一卷、《天文占云气图》一卷、《云气图》一卷、《占风云气图》一卷等云图（已佚）。

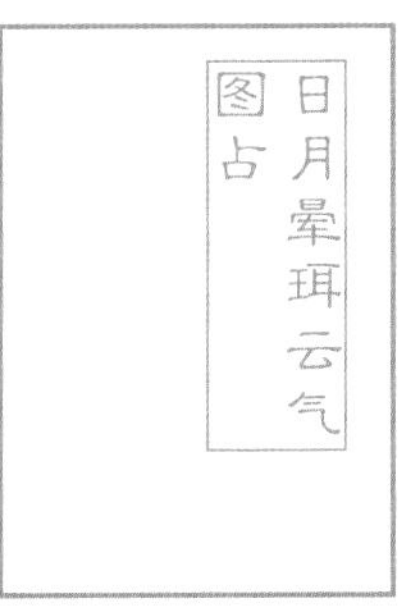

天文占云气图

明清时期的《白猿献三光图》是世界现存最早的云图集，绘制于 14 世纪中叶。属云图集，现存 132 幅。每幅图上都有说明，以日、月、星和银河作背景，根据各种云的特征和变化，描绘成云图，可用于天气预报，而且绝大部分图文都符合现代气象观测学基本原理。

此图集比国外最早的云图集（1879 年欧洲始有 16 幅的云图集）早 500 多年，基本可以用于预报天气。

占风云气图

雨晒气候亲机

六　云梦秦简秦律田律

竹书千年记忆　简卧百样文明

睡虎地秦墓现竹简

1975 年 12 月，在湖北省云梦县城关西部的睡虎地墓群发掘了一座葬于秦始皇三十年的墓——睡虎地 11 号秦墓，墓葬中有秦始皇时期的法律和文书等内容丰富的竹简 1100 余枚和重要的历史文物 70 多件。

墓坑填土有三种：上部为“五花土”，厚 1.1 米；中部是质粗且硬的青灰泥，厚 2 米；椁室周围及椁盖板上 16 厘米为质地细腻、密度较大的青膏泥。填土均经夯打，夯窝径 6~7 厘米，比较结实。墓具为一棺一椁，均保存完好。

其中睡虎地秦墓竹简，又称睡虎地秦简、云梦秦简，共计 1155 枚，残片 80 枚，这些竹简长 23.1 ~ 27.8 厘米，宽 0.5 ~ 0.8 厘米，内文为墨书秦隶，写于战国晚期及秦始皇时期，反映了篆书向隶书转变阶段的情况，其内容主要是秦朝时的法律制度、行政文书、医学著作以及关于吉凶时日。分类整理为 10 部分内容，包括：《秦律十八种》《效律》《秦律杂抄》《法律答问》《封诊式》《编年记》《语书》《为吏之道》甲种与乙种以及《日书》。在出土时，震惊世界。

在云梦秦简的出土之前，还未出土过秦简，它的发现正好填补了这一空白。这批竹简是研究秦文化难得的实物资料，极大地弥补了秦史料的不足，对于研究秦代的政治、经济、军事和文化等各个方面，都具有重要的学术价值。其数量之多、内容之丰富，都是空前的。

喜

小人物成大事

墓主人是秦朝一位叫“喜”的秦国基层官吏，所有竹简都是由他编写的。2000 多年前，秦统一六国之际，在窄长的竹简上，他一写就是几十年，共写了 40 000 多字！让我们看到了秦代律法的细致与详尽。

溜门撬锁：

有很严格的规定，比如说撬锁是为什么而撬，有没有撬开，或者正在撬的过程中被人抓住了，均有细分。

官员防腐：

秦简中规定，官员出差，必须自备口粮，不可多拿属下县城乡一菜一汤；官员调任，不可带属下一同前往，以防止结党营私，贪污腐败。

家庭暴力：

要剃光施暴者的胡须和鬓角。

当街斗殴：

对人造成伤害者，要罚去修长城；百步之内围观，不可见死不救。

户籍管理：

怎么管理社区，怎么把人口进行控制，甚至包括每个人他的工作，纳税服务的情况，全都清清楚楚地记载了。

刑侦办案：

秦简里面的《封诊式》，里面有一篇关于《穴盗》的案例，这个案子是我国乃至世界上，最早的现场勘查有详细和全面记录的文献。案件中对足迹做出了非常详尽的记载，前脚掌的花纹、密度、长度、宽度，以及后脚掌乃至整个脚长，都做了非常详尽的记载。《封诊式》，还有关于法医勘查现场的内容，宋慈所编写的《洗冤集录》，应该是世界最早的法医学专著，但是云梦秦简中《封诊式》，比《洗冤集录》还要早1000多年，有很多对于缢死、他杀、活体以及首级的检验方法，最重要的是，其中有很多对死亡的判断和鉴定点，我们现在依然在用。

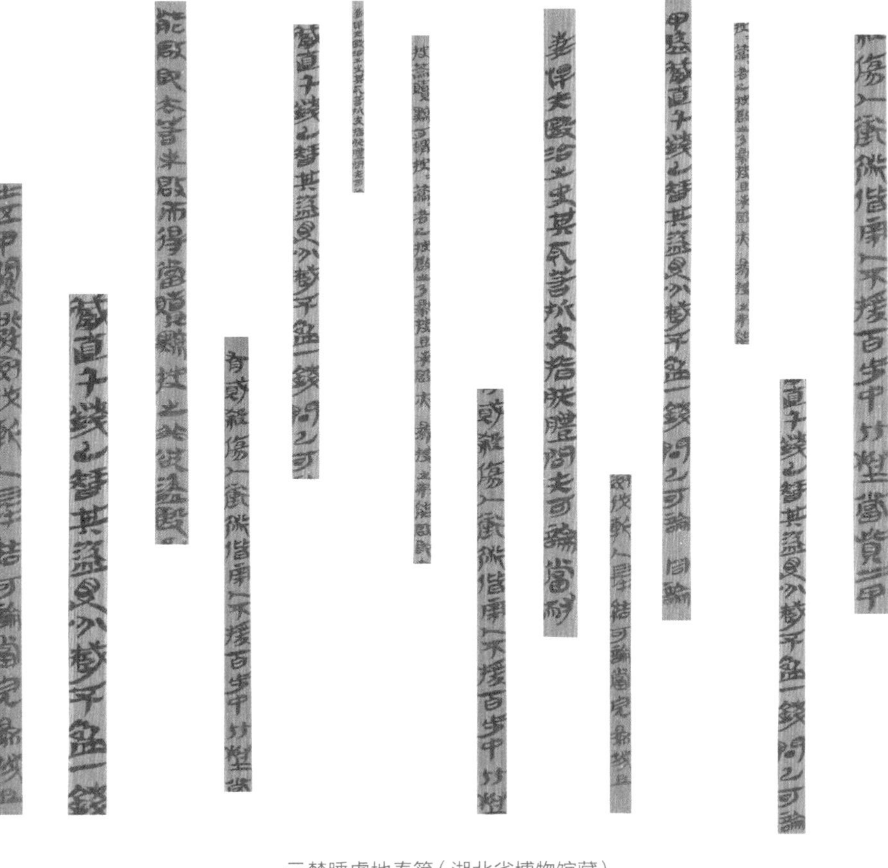

云梦睡虎地秦简（湖北省博物馆藏）

秦律十八种之田律

秦代是一个法律严苛的时代。然而，秦代法律的具体条文却没有在传世文献中保存下来。云梦竹简为我们了解秦律提供了机会。

《秦律十八种》分别是：

《田律》：有关土地耕作和农业生产；

《厩苑律》：有关牲畜放牧和饲养；

《仓律》：有关仓库管理；

《金布律》：有关货币、财物；

《关市律》：管理“关”“市”税收职务；

《工律》：管理官营手工业；

《工人程》：有关官营手工生产定额；

《均工》：有关调动手工业者；

《徭律》：有关征调人民服徭役；

《司空》：有关司空管理职务；

《军爵律》：有关军功爵的法律规定；

《置吏律》：有关任用官吏；

《效》：有关检核官府物资财产；

《传食律》：有关驿传供给饭食；

《行书》：有关文书运送；

《内史杂》：有关掌治京师的内史职务；

《尉杂》：有关廷尉职务；

《属邦》：有关管理少数民族的机构的法律规定。

这些律法给我们呈现了最早的消费者权益保护法，规定了商品必须明码标价。最早规定了必须见义勇为的内容，甚至，还是最早的环保法。秦简《田律》中明确记载，春 2 月以后不准捕鸟，不准抓野兽，不准砍树，夏 7 月份以后才放开。原来，我们的祖先在几千年前就已经有了环保意识。

《田律》中对雨泽上奏的法规，开气象学科的降水记录之先河，也给我们几千年的雨泽奏报制度开了个好头。

七 解构

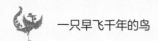

气象史上的雨量器和雨量统计

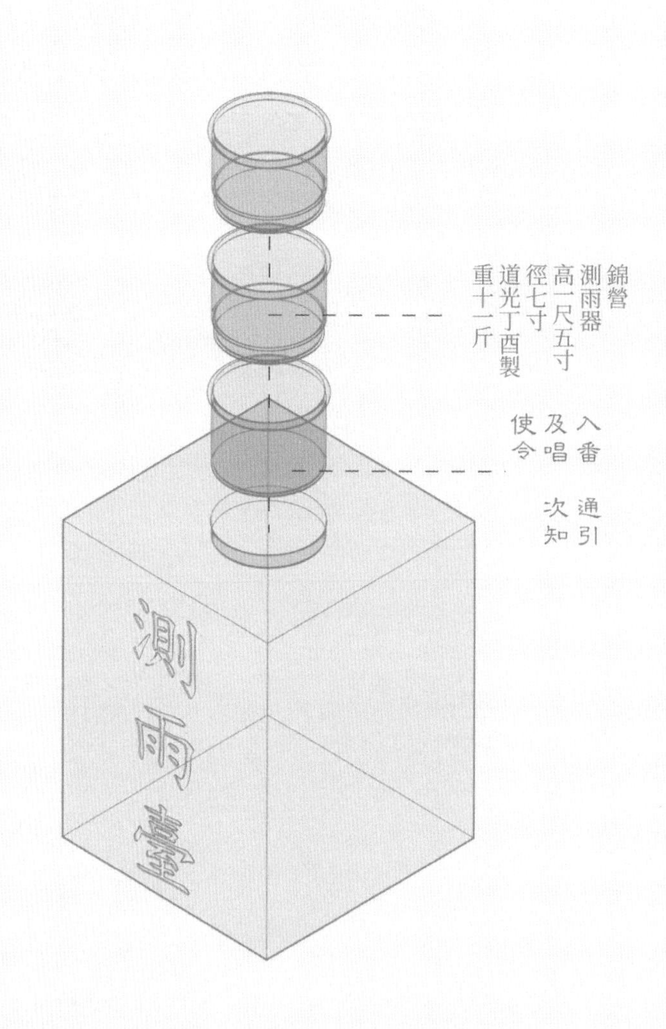

测雨器

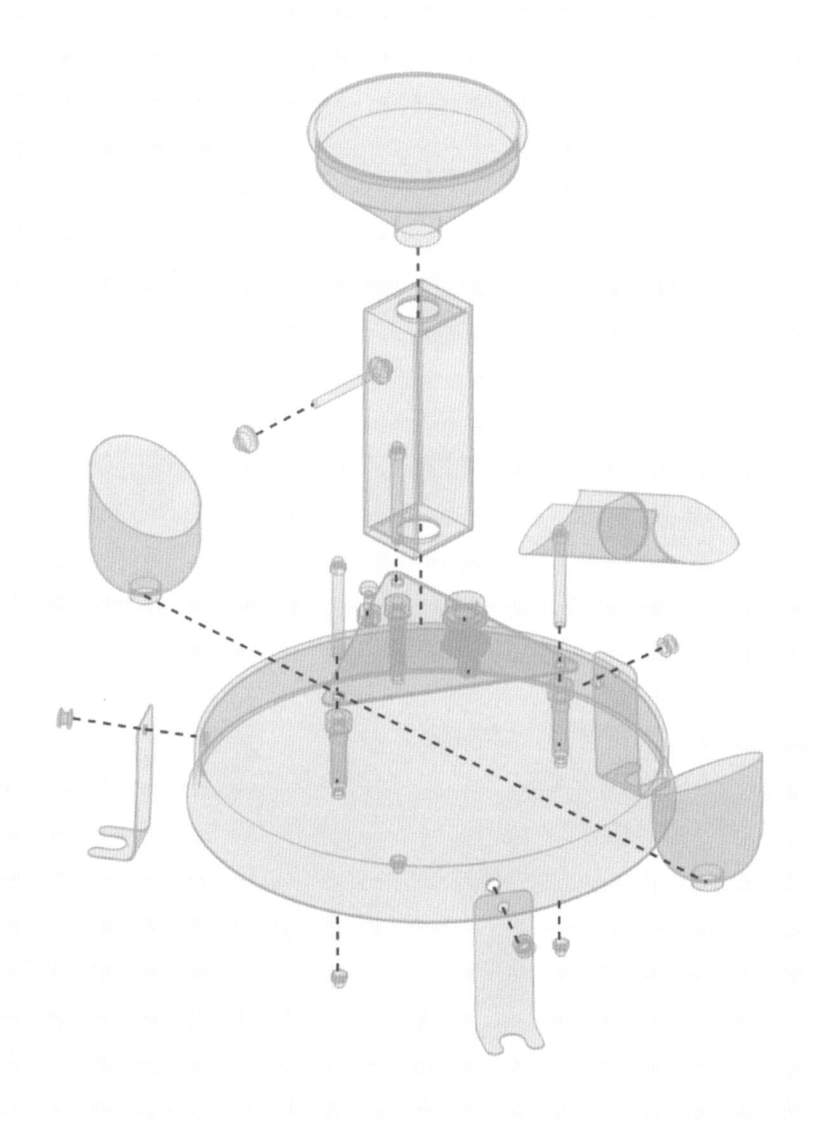

翻斗式雨量器

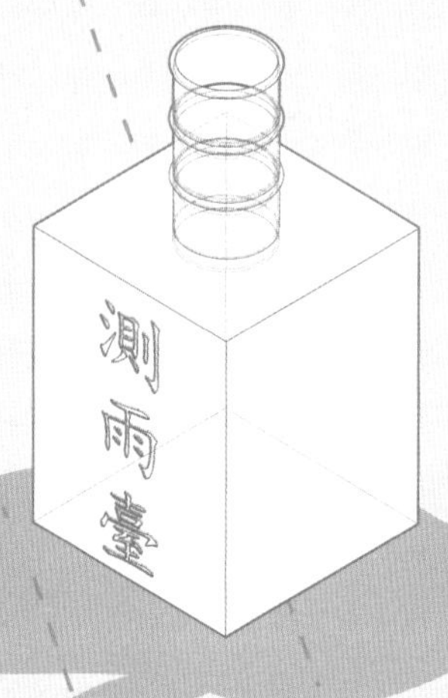

名　　称:测雨器
下令制造:朝鲜世宗大王(今韩国)
常用材质:铜质
始用时间:公元 1441 年(世宗大王)

名　　称:天池盆
记 载 者:宋朝秦九韶
常用材质:青铜
始用时间:公元 1247 年(南宋)

各类近现代雨量器

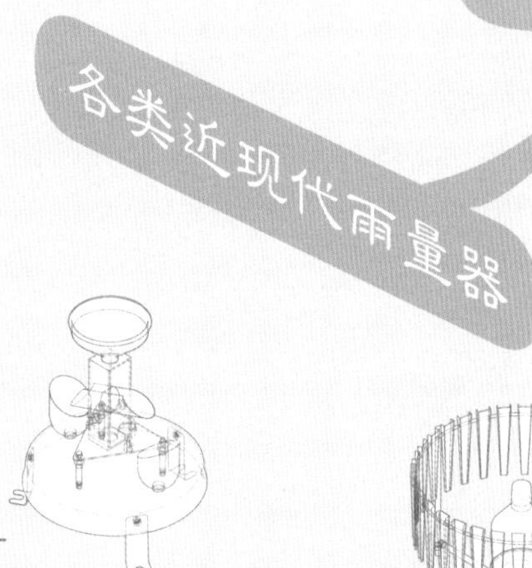

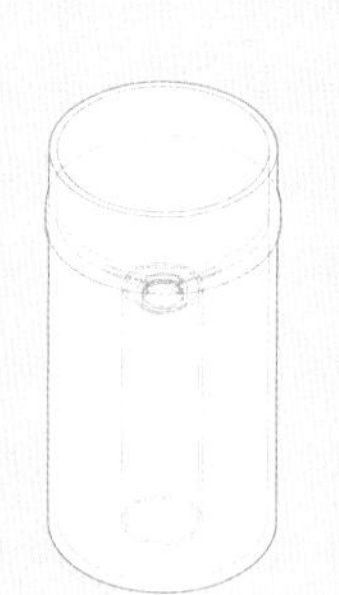
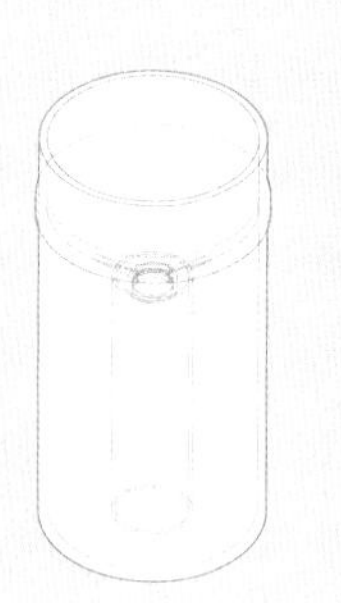
直读式雨量计

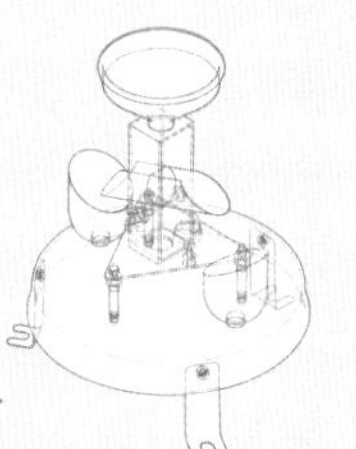
翻斗式雨量计

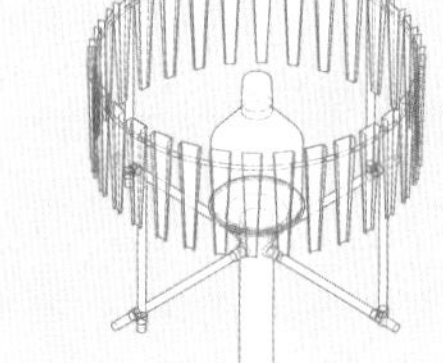
称重式雨雪量计

雨量器—降水计量仪

气象史上的

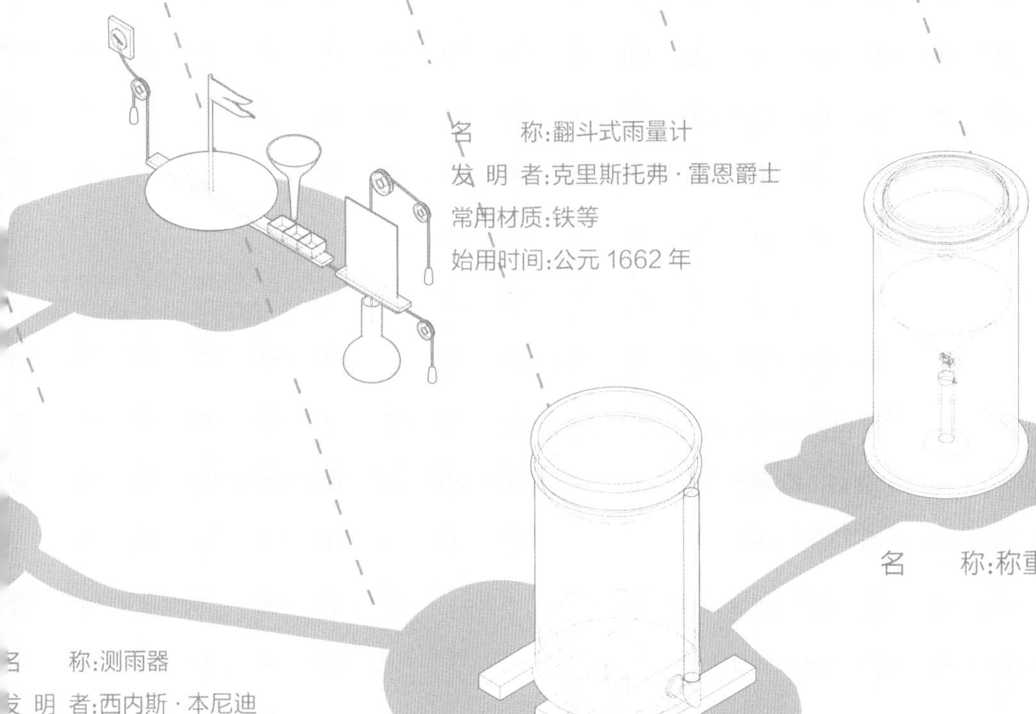

名　　称:翻斗式雨量计
发 明 者:克里斯托弗·雷恩爵士
常用材质:铁等
始用时间:公元 1662 年

名　　称:称重雨量计

名　　称:测雨器
发 明 者:西内斯·本尼迪
　　　　托·卡斯特利
常用材质:玻璃
始用时间:公元 1639 年

名　　称:虹吸式雨量计

全球雨量测量

韩国

明正统七年（1441 年），李裪下令试制雨量计，并把复制品分发给汉城的钦天监和地方行政长官，还参照明代的雨泽报奏制度，要求地方官员上报，以记录降水量。

英国

乔治·詹姆斯·西蒙斯（George James Symons）（1838 年—1900 年）是英国气象学家，他从小就用自己构造的仪器对天气进行观测，并在 17 岁时成为皇家气象学会的会员。西蒙斯于 1863 年开始发行每月一次的雨量通告，他创立并管理了英国降雨组织（British Rainfall Organization），这是一个分布在整个不列颠群岛的异常密集且分布广泛的降雨数据收集网络，他的一生也奉献给了气象学科。

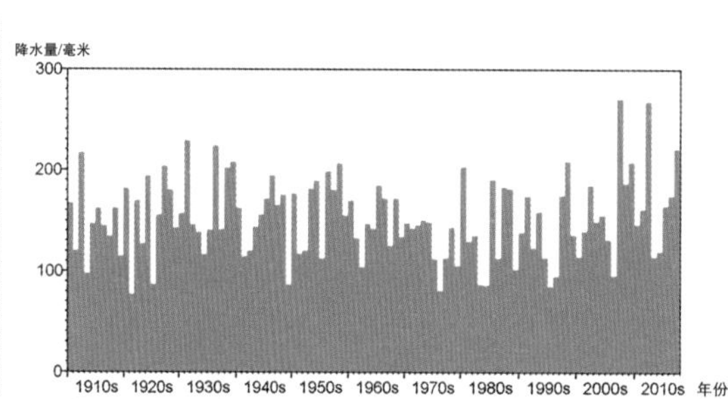

会风详声候雨止天晴，

雨润万物生，自农耕社会始，影响着全球餐桌，

千年前的祭天祈雨到如今的人工增雨，

天上之水依旧惠泽人间。

叁

南闪千年　北闪眼前

雷电观测和避雷之法

白波走雷电，黑雾藏鱼龙。

变化非一状，晴明分众容。

唐　刘长卿

一　雷车驾雨　电行半空

其光为电，其声为雷

一声一气

震耳欲聋的轰鸣和倏忽耀眼的闪光，惊心动魄也令人生畏。出于对自然的崇拜，人间有了雷神、雷公和电母的故事。传说雷公视力差，难辨黑白；夫人电母寸步不离，捧着镜子，先行探照，明辨是非善恶后，雷公才行雷。电母和雷公成了天生的一对。雷公面目狰狞，电母相貌端雅。雷公手持槌楔，电母手持双镜。他们一旦做法，就乌云密布，狂风大作，飞沙走石。他们两人共同司掌天庭雷电。除了各个时期不同的雷神传说外，古代中国的学人对雷电成因的探讨也从未停止。

核心观点：彼此相击，相互渗透
论述："阴阳相薄为雷，激扬为电。"
阴阳二气彼此相击产生雷，
相互渗透则产生电。

周

西汉淮南王
刘安
《淮南子》

东汉科学家、思
王充
《雷虚篇》
（见《论衡》）

基于阴阳学说，先民大都认为雷电是阴阳两种元气相互作用而产生的。虽然阴阳并不是现代电学概念中的正负电荷，但这些不倦的研究和注释使我们看到阴阳理论的一些科学因素及其生命力。

南宋文学家
周密
《齐东野语》

核心观点：彼此相击　相互渗透
论述：阴气凝聚，阳气被包裹在里面，一下子爆炸起来，结果就“光发而声随之”。强调雷电威力的巨大。

南宋理学大家
朱熹

核心观点：闭结之“极　迸散的“忽然”
论述：“阴阳之气，闭结之极，忽然迸散出”。这里着重于闭结之“极”与迸散的“忽然”。

明初政治家、文学家
刘基

核心观点：适逢之
论述：“雷者，天气之郁而激而发也，阳气团于阴，必迫，迫极而进，进而声为雷，光为电。犹火之出炮也，而物之当之者，柔为穿，刚必碎，非天之主以此物激人，而人之死者适逢之也。”
他对雷电成因的解释，基本上继承前人的说法，可是他用炮弹出膛来比喻是很形象的；指出了人之被击毙，乃是“适逢之”，并非什么天意的惩罚——这是一种科学的态度。

观点：驳斥“雷为天怒”
：雷与电不过是“一声一气”而已。
么是“气”呢？声音又是从何而来呢？
举出五条证据说明雷电在本质上就是一团火，所谓“雷，火
也就是“太阳之激气”。
用水浇火的过程来形象地说明雷电。他指出：在冶炼用的熊
火之中，突然浇进一斗水，就会发生爆炸和轰鸣；天地可以
是一个大熔炉，阳气就是火，云和雨是大量的水，水火相互
引起了轰鸣，就是雷，被这种爆炸击中的人无疑要受伤害。
段文字把阴阳作用发挥得很具体，对雷电成因的解释很有独
处。

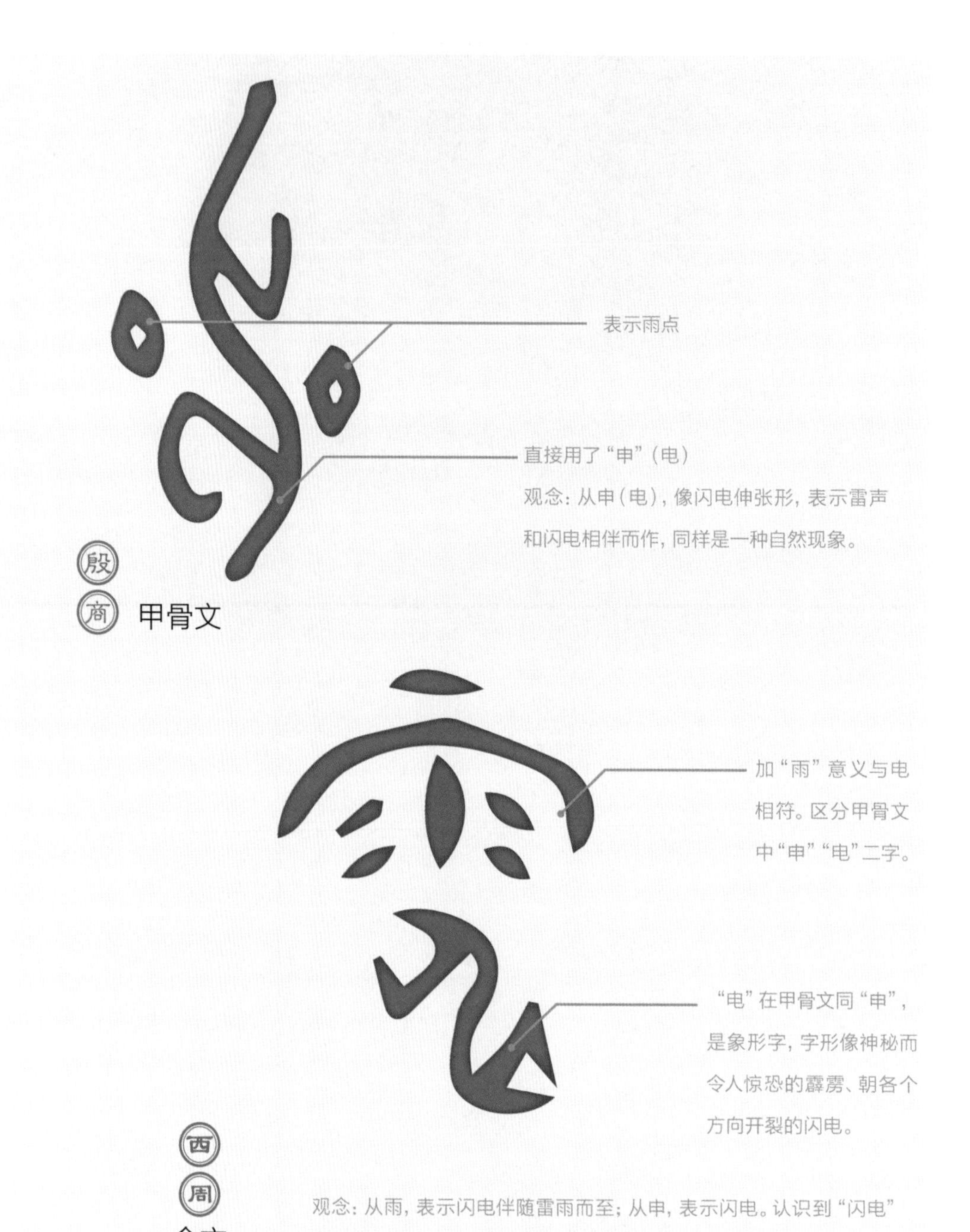
表示雨点
直接用了“申”（电）
观念：从申（电），像闪电伸张形，表示雷声
和闪电相伴而作，同样是一种自然现象。
殷
商
甲骨文
加“雨”意义与电
相符。区分甲骨文
中“申”“电”二字。
“电”在甲骨文同“申”，
是象形字，字形像神秘而
令人惊恐的霹雳、朝各个
方向开裂的闪电。
西
周
金文

观念：从雨，表示闪电伴随雷雨而至；从申，表示闪电。认识到“闪电”是自然现象。

雷火所及

“雷电迅疾，击折树木，坏败室屋，时犯杀人。”雷电强大的力量看得见、听得到，后果也不可逆，难免令人生畏。不过，也是因为雷电的不容忽视，历朝历代都有学人把雷电作为一种自然现象加以观察，并用科学的态度如实记载。

南朝梁萧子显主编的《南齐书五行志》中记载，公元 490 年，会稽山阴恒山保林寺被雷所击。

具体记载：“电火烧塔下佛面，而窗户不异也。”

打雷时，在地面和云层之间放电，佛面上一般刷有金粉，是一层导体，形成强大电流的通路，所以佛面大量发热以致佛像被熔化。窗户为木质，木是绝缘体，所以保持原状。

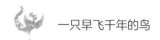

北宋政治家、科学家沈括，元祐四年（1089 年）创作《梦溪笔谈》，其中一篇《雷震》记录了北宋内侍名将李舜举的家曾在熙宁年间（1068 年—1077 年）遭受雷击。

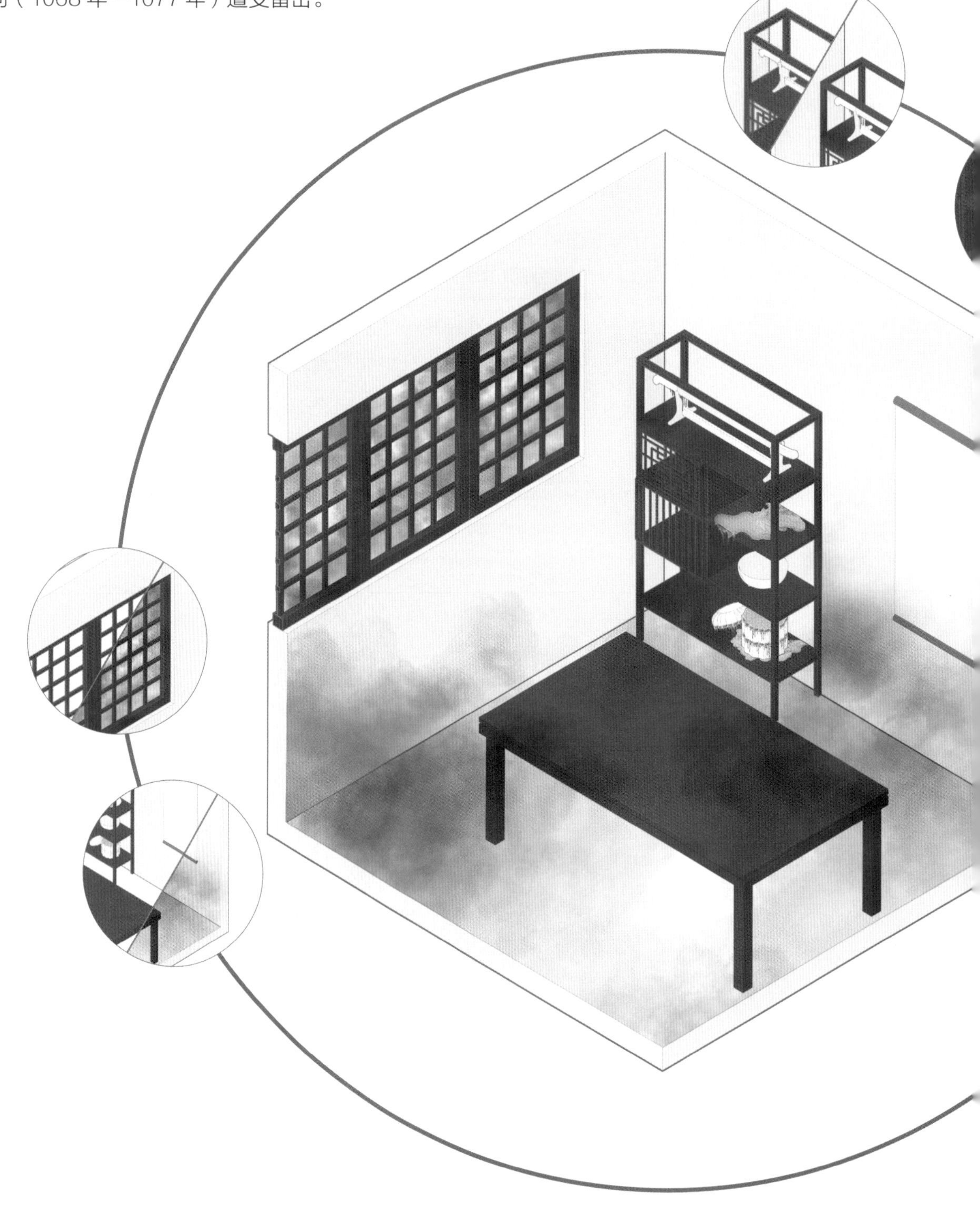

具体记载：“李舜举家曾为暴雷所震。其堂之西室雷火自窗间出赫然出檐。人以为堂屋已焚，皆出避之。及雷止，其舍宛然，墙壁窗纸皆黔。有一木格，其中杂贮诸器，其漆器银扣者，银悉熔流在地，漆器曾不焦灼。有一宝刀，极坚钢，就刀室中熔为汁，而室亦俨然。”

打雷时，强大的电流只能在截面积不很大的通道经过，空气电离发出耀眼的光亮，并发生巨大的热量引起高温，传到墙壁和窗纸上，故被焦灼而变为黑色。木架恰好在通道上，电流经过金属的刀和漆器上的银，遂使它温度急剧升高，立即熔化。刀鞘和漆器等绝缘体，不通电流，只受到传来的热量，但因时间极为短暂，因而仍能保持原状。

北宋末年的庄绰在《鸡肋篇》里讲道，绍兴丙辰年 8 月 24 日，他驻守南雄州时去巡视，当天多处发生雷击事件，其中包括福慧寺。

具体记载：“是日大雷破树者数处，而福慧寺普贤像亦裂，其所乘狮子，凡金所饰与像面皆销释，而其余采色如故。”

当天雷暴严重，有几处的树木被雷劈开，福慧寺也被雷击中，其中一尊骑着狮子的普贤菩萨佛像破裂了，那上面所涂的金粉都熔化掉，但其他色彩却依然如故。他特意在文中提到，整个被雷击的情形与沈括在《梦溪笔谈》中说描写的雷击后的场景完全相符。

这些记载如实描述了雷击的景状及其后果，并且已经隐隐约约地看出了不同物质在导电方面有不同的效果。后来，明末的方以智根据这些记载得出结论：“雷火所及，金石销熔，而漆器不坏。”这是对雷电后果的初步认知，以及对导体和绝缘体做的一些初步概括。

鱼尾铜瓦

汉武帝时期，柏梁殿（又称柏梁台，以香柏为殿梁，香闻数十里），因雷电引起火灾。《史记 · 孝武本纪》中记载："十一月乙酉，柏梁灾。"重修之后，汉武帝担心会再次发生雷灾，这时一个方士建议，将一块鱼尾形状的铜瓦放在层顶上，就可以防止雷电所引起的天火。

后世又有宋人的《太平御览》有如下记述："唐会要目，汉相梁殿灾后，越巫言，'海中有鱼虬，尾似鸱，激浪即降雨'，遂作其象于尾，以厌火祥。"文中所说的"巫"是方士之流，"鱼虬"则是螭吻的前身。螭吻属水性，用它作镇邪之物以避火、民间也称鳌龙。这里说的鱼尾铜瓦，就是以鸱尾为形，避雷针的雏形。"鸱

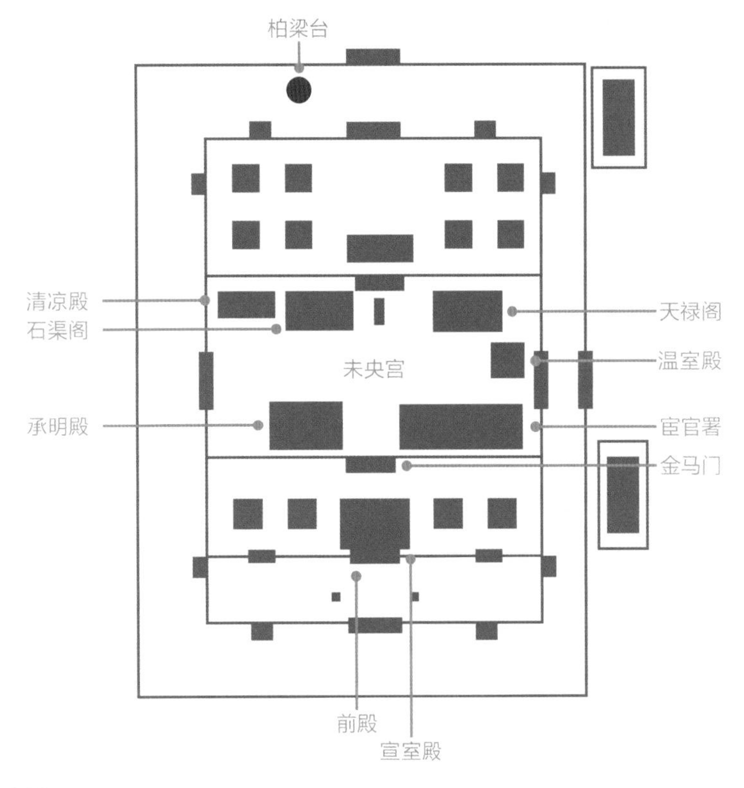

尾”就是在屋脊上安装一些由铜铁所制，状如牛角一样的金属尖端刺向天空的装置，用以防雷。

在已经出土的文献与一些汉代的泥塑、壁画、砖刻等形象资料来看，汉代的建筑普遍已经使用鸟形、鱼形的鸱吻装饰物了。“鸱尾”“鸱吻”随朝代更迭而变化，有多种外形，也有变化成龙形物以铁制龙舌或龙须、龙尾刺向天空的。这些安装在屋脊上的装饰物的外形都不尽相同，但是它们共同的特点是都有几条铁制尖端物刺向天空，用以避雷防雷。

1688 年，法国旅行家卡勃里欧别 · 戴马甘兰，写了一本叫《中国新事》的书籍，其中就提到了这么一个细节：“中国屋脊两头，都有一个仰起的龙头，龙口吐出曲折的金属舌头，伸向天空，舌根连结一根细的铁丝，直通地下。”按照这一记载可知，一旦雷电击中房屋，那么电流就会先接触金属舌头，然后沿着铁丝导入地下，从而避免雷电击毁建筑物。这里的表述与演变，让鸱尾与现代避雷针有了连接。

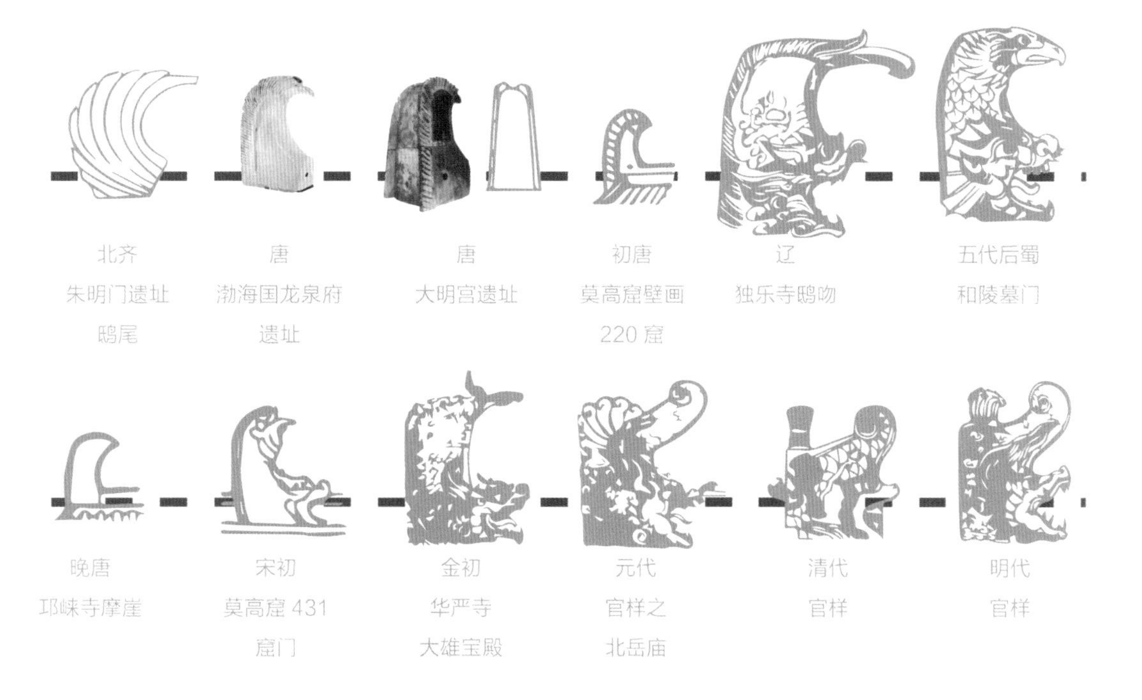

窃取雷霆

现代的避雷针或称引雷针、接闪器等，也称为避雷导线，是一种用于引导闪电的电击到地面的设备。它是一种能截引闪电，将闪电的电流导入地下装置，并能在一定的面积范围内保护地面建筑物或电力设备，使受电击物免受雷电破坏的金属物装置。常用的制造材料为铜。

避雷针又被称为富兰克林针。它的发明者本杰明·富兰克林（Benjamin Franklin）也因此被人们称为窃取上帝雷霆的人。

1749 年—1751 年，富兰克林仔细观察了云、雷、闪电的形成之后，于 1750 年做了一项震动世界的电风筝实验。他这样表述他的这一实验：在美国费城雷电交加的一天，放飞风筝，在乌云中收集到电荷，雨水打湿风筝线让其导电，能发现电流不断流向指旁钥匙，用这个钥匙可以给小瓶，或莱顿瓶充电。从中得到的电火花能用来进行所有电学实验。打闪电时，也显现了相同的电性质。由此证明他的设想，即“闪电和静电的同一性”。基于这一实验结果，以及尖端接地导体放电的物理现象，富兰克林提出了避雷针的构思。

他又通过电学实验发明了避雷针。实验表明，尖锐而非圆钝的端顶能够远距离平静释放。他猜测安装“直立铁棍，尖如针头，镀金防锈，在棍底连接导线，通向建筑外地面……棍顶便能够在乌云劈雷前安静吸收电火花，由此保护我们免遭突然可怕的伤害！”在自己房子上做了一系列实验后，富兰克林推动费城学院（现宾夕法尼亚大学）和宾州大堂（现独立大厅）于 1752 年安装了避雷针。

1752 年 5 月 10 日，法国的托马斯 - 弗朗索瓦 · 达利巴尔在雷雨经玛丽拉维尔村时，与一位退休的法国老兵，一起进行了“哨兵箱”实验（基于本杰明富兰克林发表的实验论文），用长 40 英尺（约 12 米）铁杆代替风筝，从云端收集到“闪电”。他们验证了富兰克林的实验，确定雷（云）带电的结论。在 18 世纪中叶，这样的观察实验引起了巨大的轰动，并很快得到了达利巴尔在巴黎的合作者德洛尔的证实。

法国这一研究结果引起了人们对富兰克林所著《电的实验和观察》的关注，并认识到它为现代物理学做出的贡献。它验证了富兰克林的假设背后的关键假设，即高大的接地棒，可以保护建筑物免受闪电损害。之后的几周，在欧洲多地，这一实验都被成功重复。

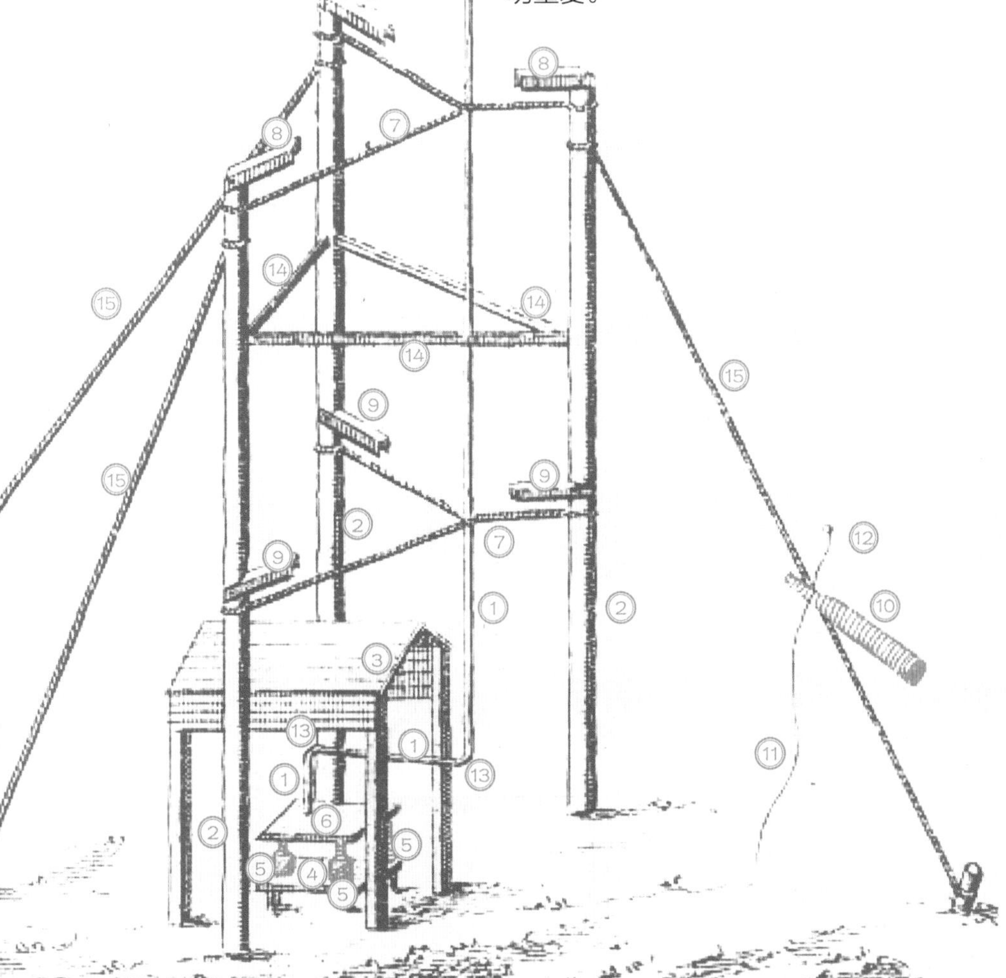

①铁棍
②棍底
③顶框
④桌子
⑤酒瓶
⑥隔板
⑦丝绳
⑧倒置的排水槽
⑨其他排水槽
⑩长颈瓶
⑪金属线
⑫钢丝榫
⑬铁棍的弯头
⑭卡在柱子间的插片
⑮牵制的斜拉索
⑯铁棍的尖锐端顶

富兰克林发表的论文中提到了这一实验的危险性，并给出确保安全措施（连接风筝线的丝带，丝带与地面绝缘），如接地。1767 年，约瑟夫 · 普利斯特里在其《电学历史与现状》中发表了实验的细节，他提到富兰克林小心地站在绝缘体上，在屋顶下避雨，以免遭到电击。

生于瑞典的科学家乔治 · 威廉 · 里奇曼教授，1753 年在俄国圣彼得堡试图量化绝缘棒对附近物体的响应的实验时，遭遇球形闪电，不幸触电身亡。

二　避惊雷　镇龙笑雷公

千年营造　避雷有术

刘刺史孝母砌文石

“湖阳县（今河南省唐河县湖阳镇），春秋蓼国（公元前 701 年—前 639 年），樊重之邑也。重母畏雷，为母玄石室，叫避之。悉以文石为阶砌，至今犹存。”

南朝刘宋（420 年—479 年）的盛弘之在《荆州记》中讲述了春秋时期一个叫樊重的孝子为他惧怕雷电的母亲修建了黑色石室用于避雷——到南朝刘宋时，这石室依旧存在。据悉整个石室连同台阶都是用的黑色（深色）文石，文石极可能是富含矿物质的大理石，大理石有绝缘的功能。

玄石—文石—磁铁矿石晶体

中国古代把具有磁性的磁铁矿石称为慈石、磁石、玄石，完好的（玄石）单晶形呈八面体或菱形十二面体。

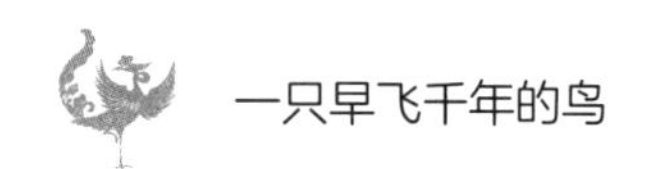

镇龙铁刹立千年

传说，早在东汉永平十一年（公元 68 年），印度高僧摄摩腾和竺法兰来到五台山时，就已经发现这里有一座五金八宝的铁塔——这座铁塔就是阿育王在大千世界修建的 84 000 座释迦牟尼舍利塔中的一座。

另一种说法则是，唐武则天为镇住五台山上作恶的所谓“五百毒龙”，曾在五台山的五个“台顶”上建立铁塔。日本僧人圆仁在《入唐求法巡礼行记》中记载道：“顶上南有三铁塔，其一形似覆钟，周围四抱许。中间一塔四角，高一丈许。在南边者团圆，高八尺许。武婆天子镇五台所建也。”——这表述了五台山上的镇龙铁塔。

“镇龙”怎么与“避雷”相联系呢？从传统的中国五行八卦学说来看，八卦中“震”卦为“雷”。八卦与方位相结合时，则有“南离、北坎、东震、西兑”的规定，又有“南属朱雀，北属玄武，东属青龙，西属白虎”之说。

古人认为“雷从龙”，即雷和龙是分不开的。为了避免建筑物被雷电所毁，因此就要采取“镇龙”的措施，名为“镇龙”，实为“防雷”。

很多古塔，尖顶通常被涂以一层金属涂层，有的塔顶本身就是用金属材料制成的。例如，江苏高淳县固城湖西北有一“保圣寺塔”，始建于东吴赤乌二年（239年），系孙权为其母延寿祝福而建，是南京地区现存最早的佛塔之一，也是古城高淳的一个标志性建筑。现存塔为宋绍兴四年（1134年）重建。塔身总高约31.5米，塔顶有近4米高的铁刹，铁刹是由覆钵、相轮、宝葫芦等几部分组成。该塔长期来虽多次损坏，却从未遭雷击，塔顶铁刹的作用不容小觑。

通常砖木结构的古塔塔顶都有铁刹，由覆钵、相轮、宝葫芦等几部分组成。包括后世的应县木塔塔顶的铁刹、第一章提到的圆觉寺砖塔塔顶的铁刹（含相风乌），等等。这些铁刹的形状比与当代的避雷针复杂很多，但同样起到了避雷的作用，使主体建筑得以经历岁月的洗礼。

中国古代对大气中存在的尖端放电现象同样也有所发现和观察。《汉书》上就有“矛端生火”的记载。矛是一种兵器，大约有3.5米长，锋刃就是一个金属尖端，当露天竖立着，上空有带电云层时，可能发生放电而产生微弱的亮光。

晋代的《搜神记》里记载，公元304年，成都王发动叛乱，陈兵邺城，据说夜间可以看见“戟锋皆有火光，遥望如悬烛”。实际上说的就是尖端放电现象。

正是由于铁塔和各种形态的铁制塔刹，都拥有尖锐的顶端，使得尖端放电成为可能，从而起到了避雷的作用。

明初朱元璋推翻元朝定鼎金陵之后，曾派大臣到北京去捣毁元帝的旧宫。参与此事的工部侍郎萧询后来写有《故宫遗事》一书，记录了他当时在北京的见闻。据该书记载，他在北京万寿山顶的广寒殿（现白塔所在地），曾亲眼见到了金章宗所立的“镇龙铁杆”：“广寒殿旁有铁杆高数丈，上置金葫芦三，引铁链以系之。此系金章宗所立，以镇其下龙潭”。

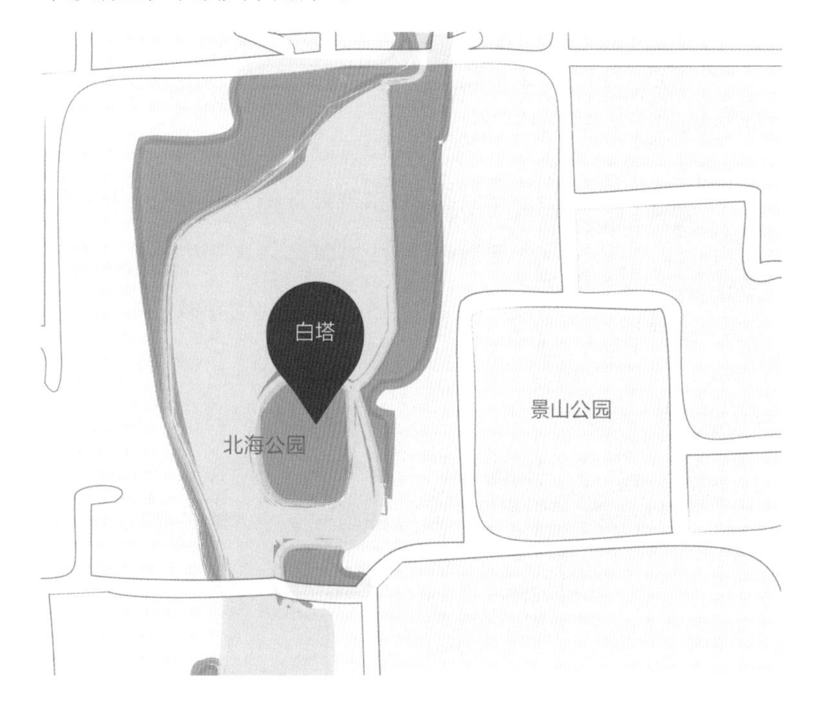

金章宗是南宋与金对峙时中国境内少数民族所建立的政权金王朝的皇帝。他当皇帝时，每年 4 月到 8 月，都要到较凉爽的位于琼花岛上万寿山顶的太宁宫避暑。金章宗在“广寒殿”避暑时，由于夏天多雷，就不能不考虑位于山顶建筑物的防雷问题。他所立的铁杆，上端的“金葫芦”呈尖端状，铁杆又使金葫芦和大地相通；因而所谓的“镇龙”，实际就是避雷。

另有，建于公元 713 年—714 年的岳阳慈氏塔，千年古塔有的说是镇妖宝塔，有的说是佛教古塔。塔顶置有铁刹相轮，上有用来起稳固的 6 根铁链从塔顶直贯塔基，铁刹加落地铁链的构造原是为了加强古塔的稳定，却意外接近现代避雷的远离，起到了避雷的效果。

“世界上最早的避雷针”的殊荣是该落在古高淳县的“保圣寺塔”名下，还是被如今北海白塔占了原位的金章宗的“广寒殿”名下，或者满是传说的岳阳慈氏塔，有待考古专家进一步小心发掘、严谨论证。

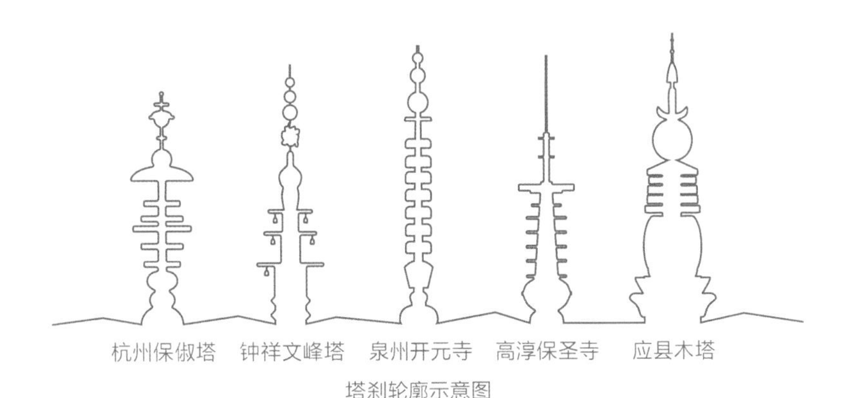

塔刹轮廓示意图

闲人倚柱笑雷公

雷公柱在宋、元、明、清代的建筑物中广泛使用，是我国古代在建筑上进行避雷实践的应用典型。

雷公柱是中国古代应用最为广泛的避雷装置。殿堂建筑屋顶上的正吻，通常是房屋的最高处，而且是尖端，所以最易被雷击。避雷的做法是，正吻触雷后，其电流便沿正吻内的雷公柱、太平梁、角梁、沿柱等引向地面。这些构件不能用一般的木材，所用的木材如楠木、松、柏等都有较好的导电性，有的也有金属（铜、铁等）。若是楼阁、亭子、佛塔等建筑，则由顶上的火珠、宝珠、宝顶等接受雷电，由雷公柱传至柱，引入大地。可见这些避雷装置有单独安装也有组合使用。

雷公柱主要用在庑殿顶和攒尖顶建筑中，是一种形体较短小的柱子。在庑殿顶建筑中，雷公柱用于支撑庑殿顶山面挑出的脊檩和两边的由戗，其上端支在吻下，其下部立在太平梁上。在攒尖顶建筑中，雷公柱多直接悬在宝顶之下，只以若干戗支撑。雷公柱下面的柱头如果悬垂，通常做成莲花头形式。在较大型的攒尖顶建筑中，则要在雷公柱下设置太平梁，以增加承托力。

雷公柱的使用部位有两处：一是作为庑殿推山推出部分支承脊檩的脊柱；二是作为攒尖顶支承顶尖的支顶柱。

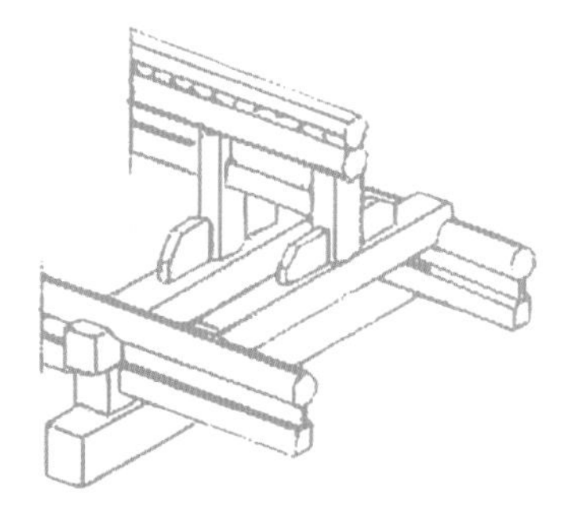

庑殿推山雷公柱

它的作用与脊瓜柱基本相同，只是位置是处在推山的山面，它的柱脚做双榫插入到太平梁上，并在两侧辅以角背加强其稳定性。柱头挖成檩椀承托脊檩。柱子内侧与脊瓜柱相对应，凿出脊垫板和脊枋的卯口。

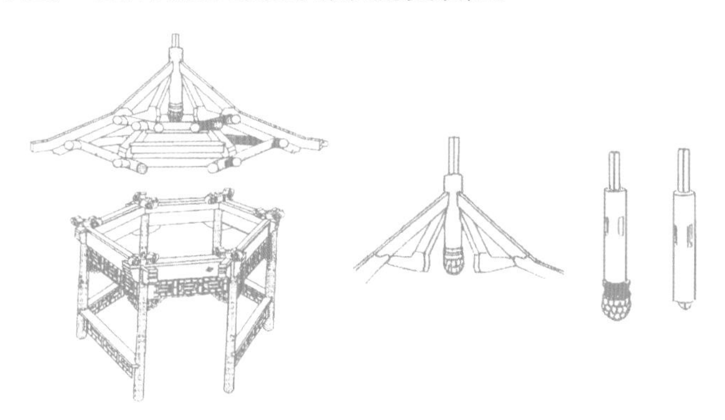

攒尖顶雷公柱

这种柱有两种做法：一是悬空支撑法，二是落脚于太平梁支撑法。

悬空支撑法，它是靠若干根斜撑的由戗，用榫卯与其连接来支顶着柱身而悬空。柱底做成垂莲柱头，柱顶为宝顶的桩子。

落脚于太平梁支撑法，主要用于大型攒尖顶建筑或圆形攒尖顶建筑，由于它们的顶都比较重，仅凭由戗支撑难以负重，故要增加太平梁作为落脚承托结构，柱脚做管脚榫卯口即可。

大成殿

宋代之后的修建师们，为了让在屋室中有人的地方可以避开雷击，在梁柱的设计上更是精心构思，有两个案例堪称中国建筑史上的奇迹。

“四柱不顶”德庆学宫

德庆学宫位于广东肇庆市德城镇朝阳路，始建于宋祥符四年（1011 年），元大德元年（1297 年）重建，庄严的古建筑群由大成殿、崇圣殿、尊经阁、乡贤祠、杏坛等建筑组成，占地面积 8000 多平方米，是宋元两代砖木结构古建筑的瑰宝。

德庆学宫大成殿外，正面通花门；重檐歇山墙；屋顶坡度缓，上有雕饰物，正中红日起，两边鲤翘首。两对雕龙各据一方，昂首天外。这些艺术造型，反映了兴建孔庙的宗旨：“圣人之道，如日中天。鲤跃龙门，聿开文运。”

德庆学宫大成殿设计者，独辟蹊径，打破了传统厅堂那种“八柱撑空”的木梁架结构而采用“四柱不顶”的独特形式以满足建筑物防灾的要求。另外，学宫整体的高台建造则是用于防洪。

“四柱不顶”：殿内明间正中只竖 4 根不到顶的金柱，柱顶上横架座斗枋，由 12 朵莲花状斗拱承托压槽枋和井口天花板。这是古代建筑师为使厅堂免受雷击，消除“跨步电压”危险的一种独特设计，那 4 根上不到顶的圆木柱，就是“雷公柱”的一种用法。

广东肇庆“四柱不顶”的德庆学宫与广西容县“四柱不地”的真武阁，一东一西，一文一武，一天一地，遥遥相对。

“四柱不地”真武阁

真武阁地处西南容县，属明代边陲地区，始建于1573年，采用全木质材料构建而成。在这400多年的历史之中，曾经历过5次大地震、3次10级以上台风，无数次雷电的洗礼。

整座楼阁全部是隼卯结构，用格木建成（格木现属国家一级珍稀濒危保护树种，属广西五大硬木之一），没有一颗钉子。如今我们所看到的真武阁与400多年前的样子并无太大区别，这座全木质的建筑自建成之日起，至今并没有任何大的修缮。

整座楼阁共有20根立柱，其中有8根直通顶楼，正是这8根立柱撑起了整个3层十几万斤的重量。二楼4条立柱悬空而起，正是利用了杠杆结构，才成就了这座包含了建筑力学、抗震学、美学、结构力学等的旷世建筑。

同样让人感到惊讶的，是真武阁二楼的4根悬空立柱。由于柱墩下的松软浮沙，柱与横梁间的疏松，悬空立柱则是利用杠杆式斗拱，用来平衡阁楼整体结构，一则抗震抗台风，二则完美消除了“跨步电压”的风险，实际也增加了避雷的功能。

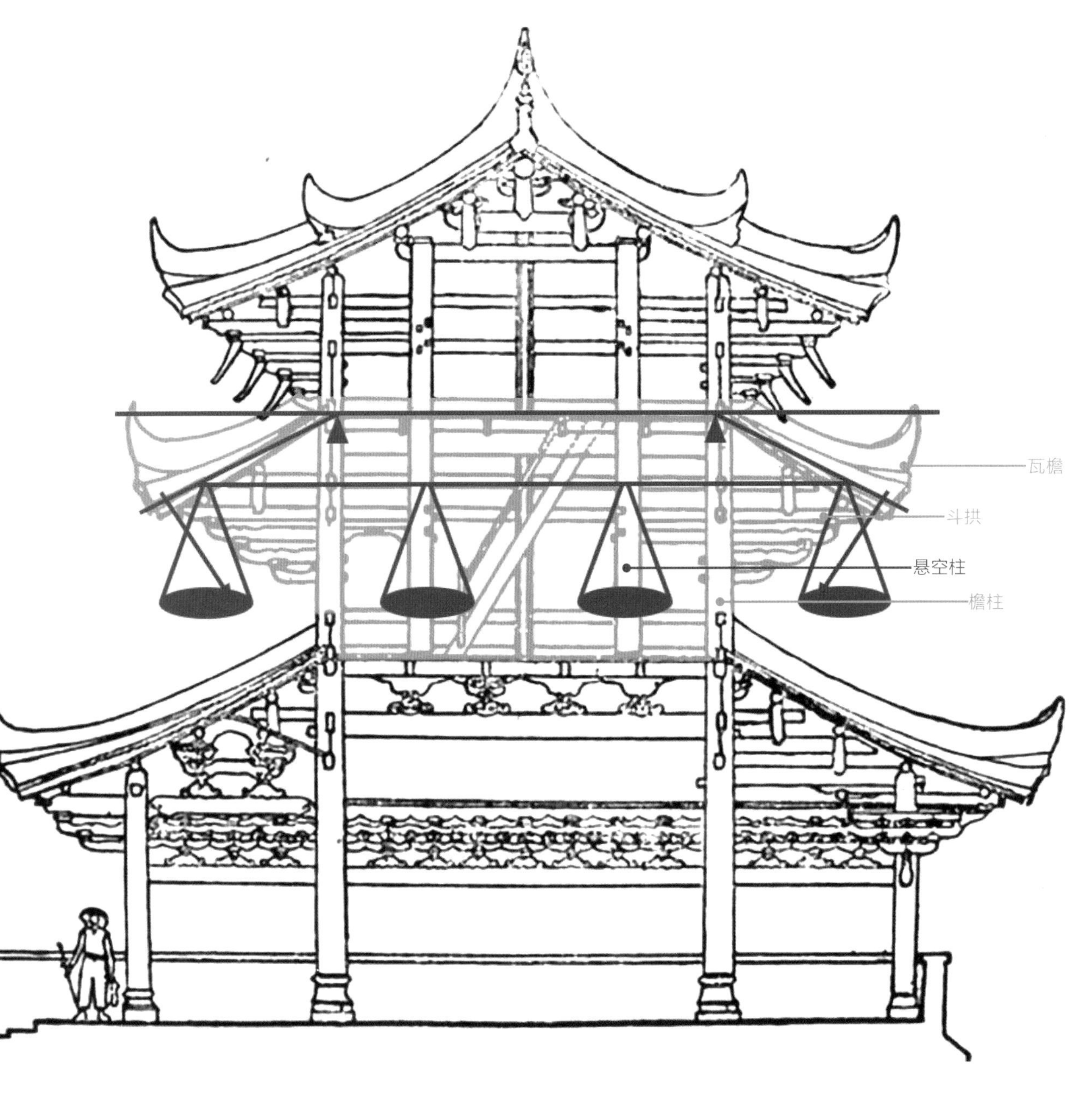

真武阁

三　城堡云　雷雨临

测雷电　从神迹到民间

雷霆占

在诸多天气现象中，雷电在古代是最让人惧怕的存在。电闪雷鸣带来的往往是疾风暴雨、树倒屋毁，甚至畜死人亡。古代占候术里的雷霆占正是在这样充满神秘和对自然畏惧的背景下形成的，故而在科学性上很难立足，不过也不乏可贵的探索，比如之前提到的《淮南子》中阴阳相击的注释。

周易 震卦 象辞

“洊雷震，君子以恐惧修省。”

礼记 玉藻

“君子之居恒当户，寝恒东首。若有疾风迅雷甚雨则必变，虽夜必兴，衣服冠而坐。”

人们对雷电既敬又惧，到“哪怕是在深夜，一听到雷声，必然会赶紧起身，穿好衣服，戴好帽子，正襟危坐，认真自省”的程度。不过，有趣的是，这样的敬畏形式在古代加勒比也有。他们在雷雨降临时，会回到住所，坐在炉灶旁，掩面且低头垂于膝上哭泣忏悔，直到雷雨过去。自省也好，忏悔哭泣也罢，足见人们对于自然的敬畏不限地域、国别。

自有甲骨文的记载开始，人们从周易八卦到二十八星宿，而后才有的最早的朴素物候、节气，以及对云和星星的观测等逐步完善了雷霆占，不仅包括了占卜的预言，更有对雷电自然现象的观测和探究。这大概就是最早的雷电观察和预测。

在早期的天气现象观察中，特别被重视的就是云、星辰和鸟鸣等动物异动，这些都是天气变化的征兆。从甲骨文中常常就可以得到印证。

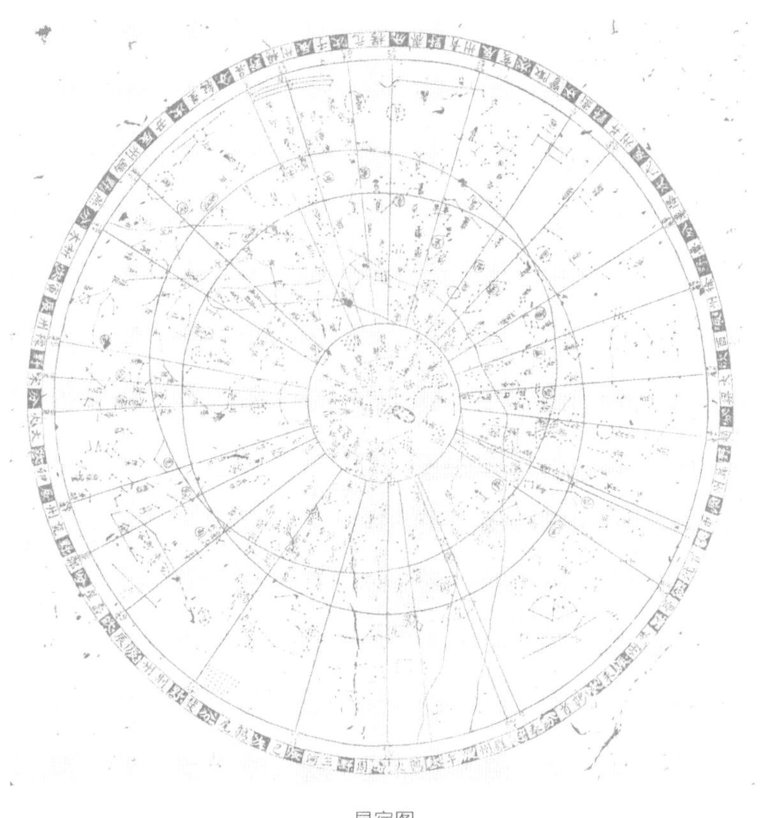

星宿图

“冥”指的是天黑时分，“豫”是雷出地上之象，“渝”则是变化的意思。大意是，天黑时分出现雷雨，会偶变化，但整个现象不会长久，也不会出现灾害。

“鸣豫，志穷也”，“介于石，不终日”，都有“迅雷不终日”的含义。对于雷暴的预报，早在殷朝就有了一系列的经验。当然这些卦象都有它的衍生征兆，劝告人不要乐极生悲，要如何做才可保持长久和永康等。

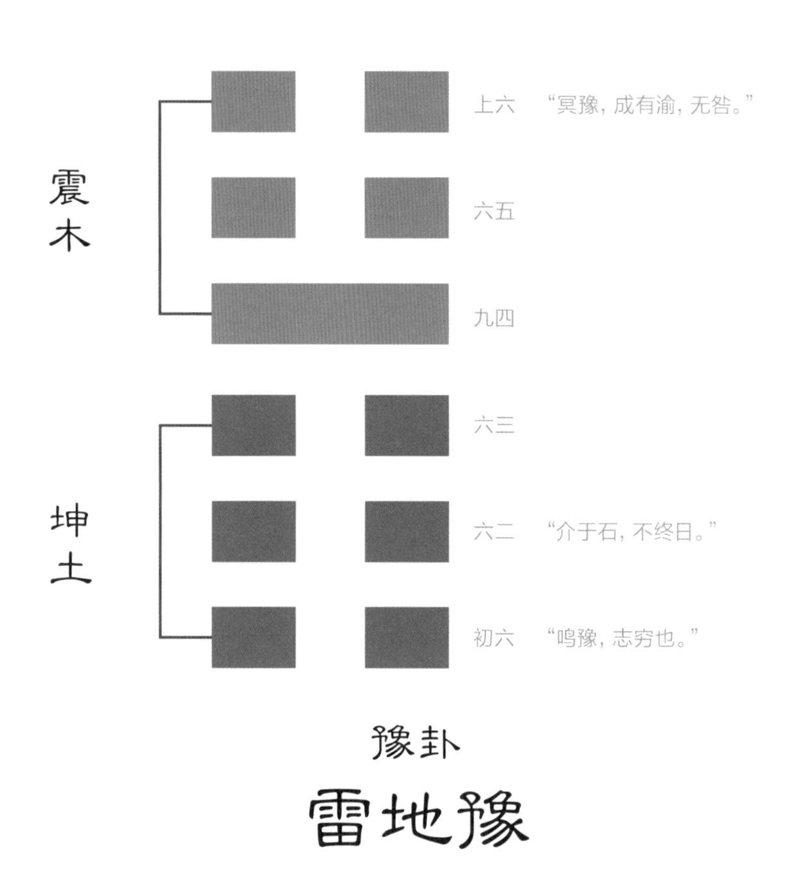

豫卦

雷地豫

这里“丰”是上雷下火，雷电皆至之象。“蔀”是覆盖、遮蔽光明之物。“日中见斗”是说白天如同黑夜的意思。前两条仅天气现象而言，是雷电虽然激烈但不会太久，所以不会造成太大的影响。第三条就不同了，大意是如果有漏斗云笼罩了房屋，那就是要有雷电造成的灾害发生了，闪电会劈向室内，从而造成损失。

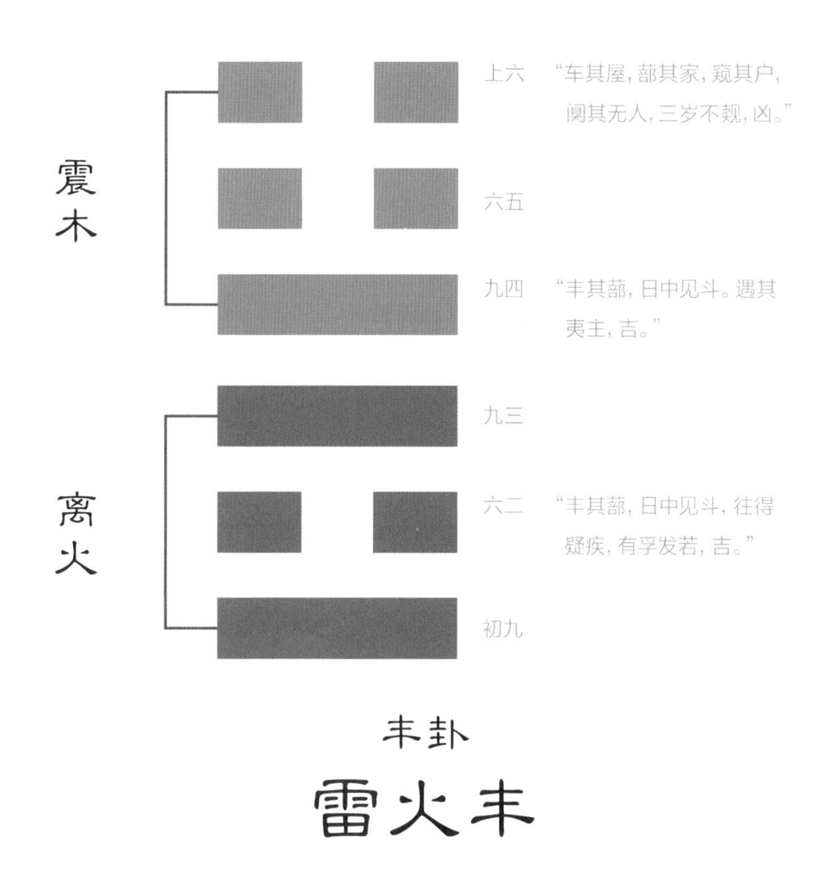
上六　“车其屋，蔀其家，窥其户，阒其无人，三岁不觌，凶。”
六五
九四　“丰其蔀，日中见斗。遇其夷主，吉。”
九三
六二　“丰其蔀，日中见斗，往得疑疾，有孚发若，吉。”
初九
震木
离火
丰卦
雷火丰

城堡云　雷雨临

“天有城堡云，地上雷雨临”这句农谚其实很靠谱。这里的城堡云，有平而清晰的云底，云顶有一个个凸起，状似城堡。在气象学科里，所谓的“城堡云”就是堡状层积云或堡状高积云，其特点是底部比较平、比较长，顶部有些凸起。这种云的出现说明大气在某个高度比较潮湿又不太稳定。若在夏季的早晨出现这种情况，随着白天气温上升，底层的对流一旦发展起来，上下不稳定的层次结合起来，容易产生强烈的雷雨天气。不过由于对流系统属于小尺度系统，可能出现雷雨，但雨也不一定下在你在的地方。

经过占云卜卦，以及随着物候学的发展，在口口相传的民谚和各朝各代的农书中，涌现了大量关于气候的谚语。在靠天吃饭的农耕社会，这样的农谚经历的岁月的检验，成为早期天气气候预测的一个有效方法。

早在先秦的《吕氏春秋》中就有关于天文气象方面的知识被总结在《十二纪·季夏纪》的《明理》篇，整个篇章中较为系统地谈到了对云、日、月、星、气、物等各方面自然现象的观测，都与气象有关。其中自然也包括了它们与雷电的关系，反观现代气象学科，我们会发现雷电的随机性和不可预见性等特点，在古代的这些观测里倒是有不少的总结与现今气象学科的研究结果不谋而合。

《明理》篇中有一段关于云和雷电的观测：

有其状若人，苍衣赤首，不动，其名曰天衡（冲？）。

有其状若悬釜而赤，其名曰云旍。

这里，天衡，也有作“天冲”。因冲的繁体与“衡”近似。是指一种垂直发展的云。这样云的特点是像人形，黑衣光头，站立不动而向上冲。在现代气象科学里的秃积雨云很契合这样的描述。而这种云的发展往往会带来雷阵雨的天气。

同样会带来雷阵雨的云还有第二句中的描述：云旍，“若悬釜而赤”。“釜”一作“旍”。旍意通旌，指用牛尾或彩色鸟羽为饰的一种旗帜。这里所得便是一种像旌旗且带有毛尾的云。也就是鬃积雨云了。

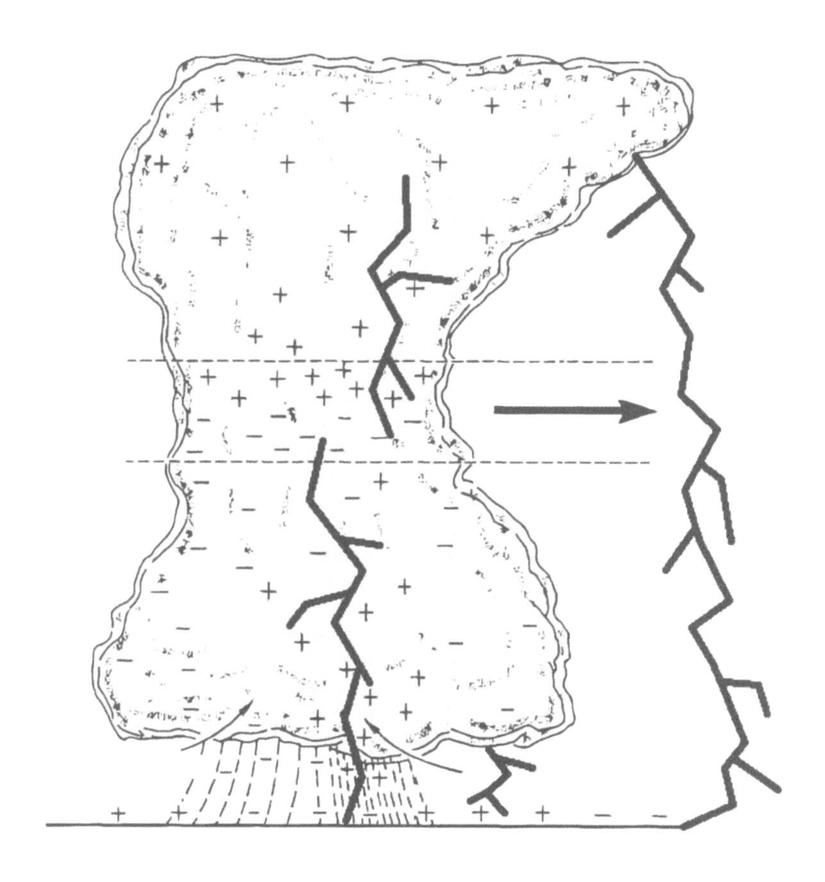

除去自先秦到明清的各类书籍记载的气象观测，千百年流传下来的农谚则更简单直观的起着天气预测的作用。大量的关于天气气象的谚语流传至今。这些云、雷、电、雨的谚语，预测着雷电天气的各种程度，闪耀着来自古代的民间智慧。

雷打天顶 有雨不狠 雷打天边 大雨涟涟

惊蛰未到先打雷 大路未干雨就来

久雨闻雷声 不久定天晴

疾雷易晴 闷雷难晴

东闪日头 西闪雨 南闪火门开 北闪雨就来

东霍霍 西霍霍 明天转来干卜卜

顶风雷雨大 顺风雷雨小

电闪催雷 雷催雨

电光西北 下雨涟涟

电光西南 明日炎炎

电光闪 雷声到 大雨咆哮

电光乱明 无雨天晴

当头雷无雨 卯前雷有雨

陈雷颠 年成淹

燥天雷（响雷）要晴 水底雷（闷雷）要落

一夜起雷三日雨

早雷不过午 晚雷十日雨

雪中有雷 主阴雨 百日方晴

小暑头上一声雷 四十五天倒黄梅

上昼雷（疾雷） 下昼雨 下昼雷（闷雷） 三日雨

闪行一年 雷行八百

未到惊蛰雷先鸣 必有四十五天阴

先雷后雨不湿鞋 先雨后雷水浸街

闪电强又猛 有云不下雨 闪电弱又多 雨水马上多

秋雷扑扑 大水没屋

连头轰雷 多遇雹

雷先雨后旱裂田 水中加雷雨连天

雷声绕圈转 有雨不久远

雷声闷闷 天气难得晴

追逐闪电

疾雷不及掩耳，迅电不及瞑目。或许是由于对雷电的观测和预报的艰巨程度，人们把那些研究雷电的科学家们和观察者称为“追逐闪电的人”，也有人称他们是一群“疯子”。

《周易》中记录了发生在公元前 1078 年的球形雷，这是世界上最早的雷电记录，见证了我国先民对雷电的观察和研究。

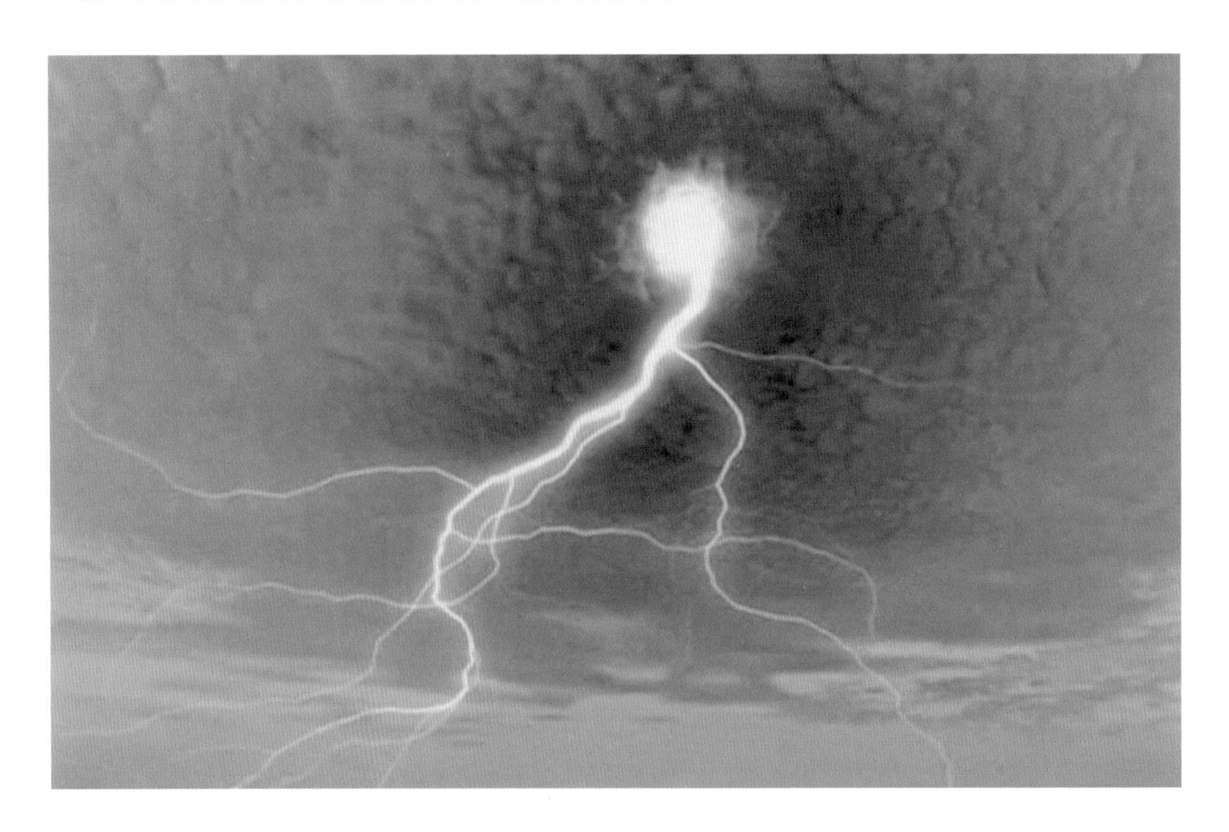

在西方，第一次球形闪电的记录出现在 1638 年的英国。当时的报道称，1638 年 10 月 21 日在英格兰德文郡威德科姆沼地的一座教堂发生了大雷暴。在这场严重的天气灾害中，4 人死亡，大约 60 人受伤。目击者描述了一个 8 英尺（约 2.4 米）的火球撞击并进入教堂，几乎将其摧毁。教堂墙壁上的大石头被扔到地上，并穿过大木梁。据称，火球砸碎了长椅和许多窗户，使教堂充满了难闻的硫磺气味和浓浓的黑烟。

雷电灾害的随机性、小概率性和不可预见性，让人们的观测和预报都变得不容易。通过无数次的实验和探索，随着探测手段和科学的进步，人们对雷电的观测和预警获得越来越大的进步。

富兰克林钟（也称为戈登钟或闪电钟）是一种设计用于与莱顿罐一起工作的电荷的早期演示，用来警告雷暴来临的探测器——闪电钟。富兰克林钟只是电荷的定性指标，可用于简单的演示而不是研究。这是第一个以连续机械运动的形式将电能转换为机械能的装置。在这种情况下，铃铛在两个带相反电荷的钟之间来回移动。它是由苏格兰发明家发现安德鲁 · 戈登在 1742 年发明的。

世界上第一台无线电接收器

波波夫的接收器之一

带有记录雷击的图表记录器(白色圆柱体)

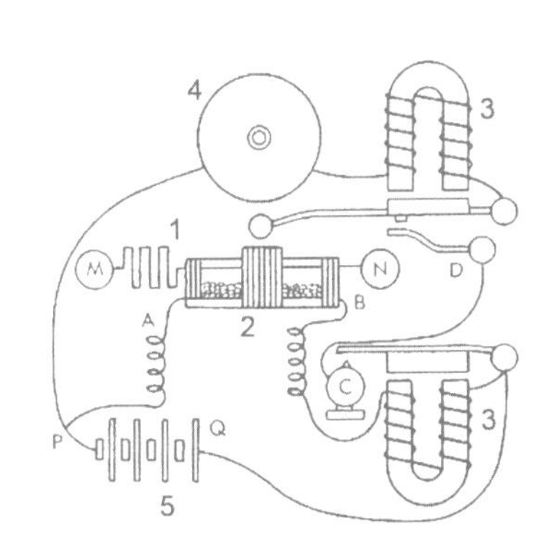

1 — 天线，2 — 相干器，

3 — 电磁继电器，

4 — 电铃，

5 — 电流源。

1894 年，亚历山大 · 斯捷潘诺维奇 · 波波夫 (Alexander Stepanovich Popov) 发明了世界上第一台无线电接收器。

1895 年，他将其改进成接收闪电发出的电磁波装置，同年 5 月 7 日他在彼得堡物理和化学协会物理学部年会上演示了他制成的一架无线电接收装置——闪电探测器，7 月他将这个装置安装在圣彼得堡林学院的气象站中。

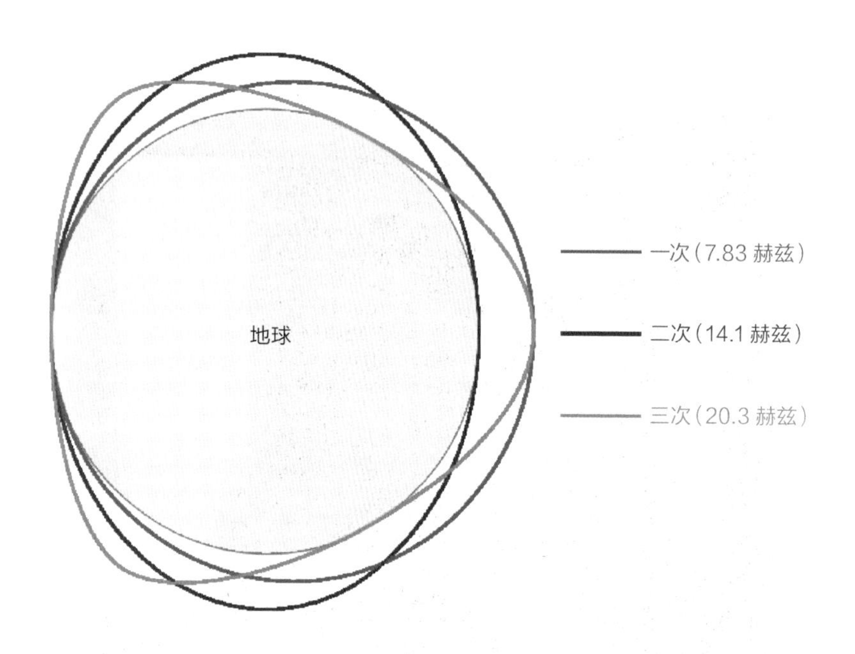

舒曼在 1952 年对电磁共振现象进行了数学预测。舒曼共振的发生是因为地球表面和导电电离层之间的空间充当了一个封闭的波导。地球的限定尺寸引起该波导充当谐振腔为电磁波在 ELF 频带。空腔由闪电中的电流自然激发。闪电放电被认为是舒曼共振激发的主要自然源；闪电通道就像巨大的天线，以低于 100 千赫兹的频率辐射电磁能。这种全球电磁共振现象以物理学家舒曼的名字命名，舒曼共振的观测已被用于追踪全球雷暴活动。

从富兰克林钟，到波波夫的闪电探测器，再到舒曼共振，人们对雷电认识不断提高。基于大气电场仪的精细化和雷电监测预警系统研发成功，大量的地面闪电探测雷达被成功生产出来，人们还制造了一些卫星上的仪器来观察闪电分布。其中包括 1995 年 4 月 3 日发射的光学瞬态探测器，1997 年 11 月 28 日发射的闪电成像传感器。中国“风云四号”卫星于 2016 年 12 月 11 日发射升空，星上搭载的星光成像仪是首台星载卫星探测器，具有以下功能：连续粒子数据获取，用于暴雷预测；早期雷暴预警；中国及周边地区闪电的长期变化监测。如今这些观测设备能够帮助人们及时、准确地预报当地雷电活动情况，为易燃易爆场所、人员密集场所提供预警信息，使工作人员能够有充分的时间施加防范措施，减少雷电灾害的发生！对雷电的有效预警，成为减少雷电灾害事故发生的重要保障。

四　解构

气象史上的避雷、测雷

市政厅避雷针

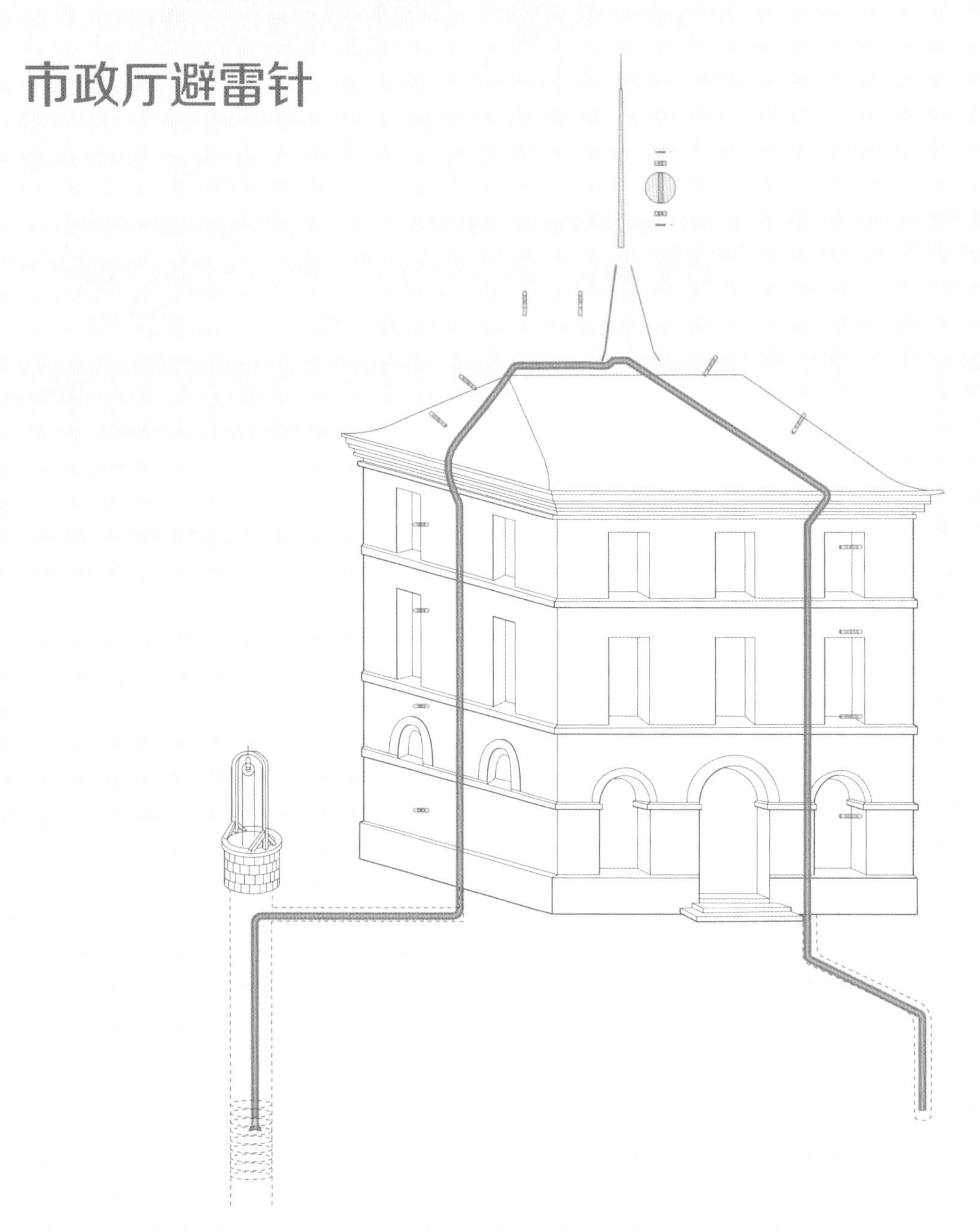

慈氏塔铁刹

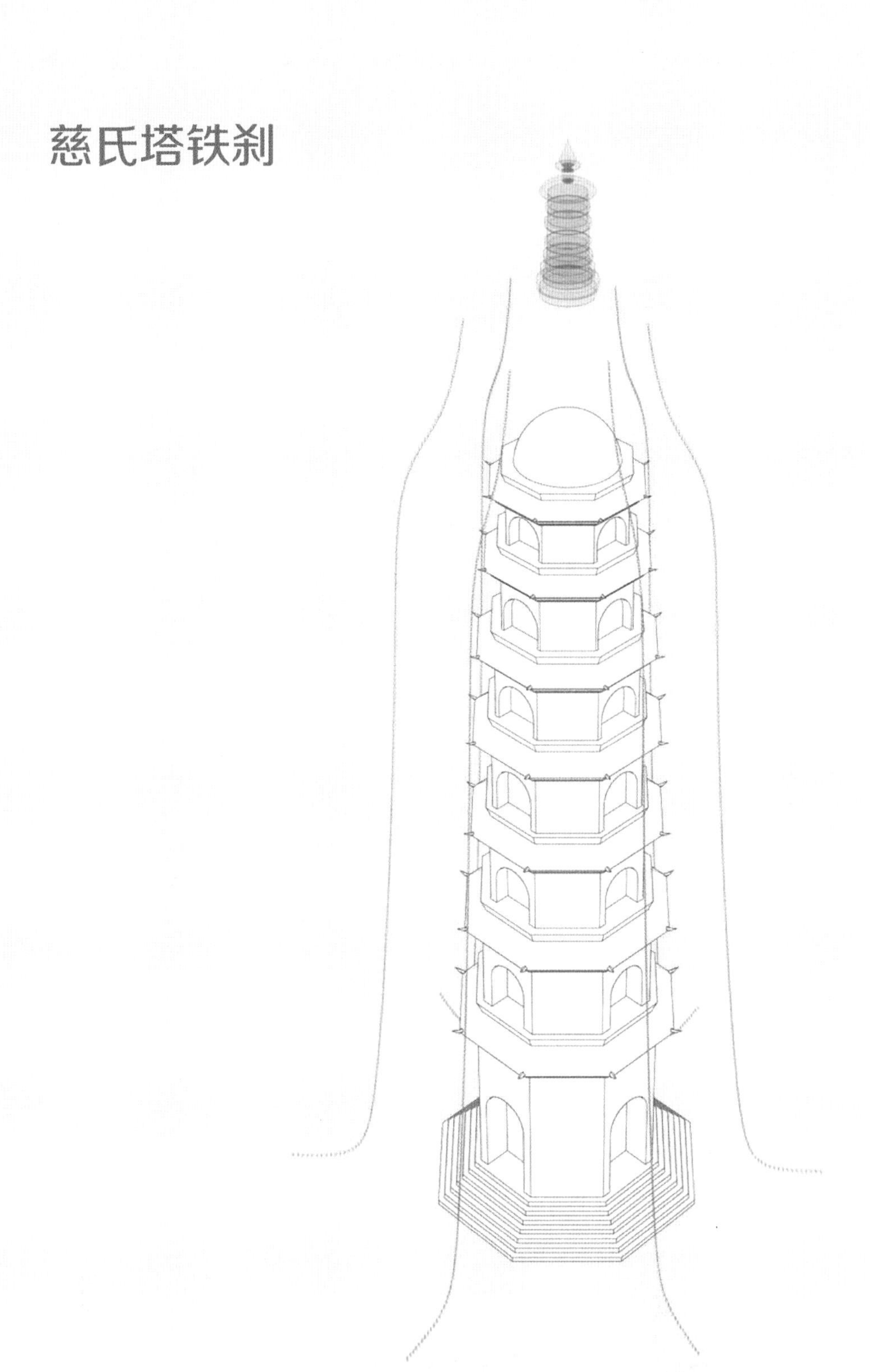

玄石（避雷）室

常用材质：玄石（文石）
常用场景：民居
始用时间：春秋寥国

鸱尾

常用材质：铜等金属、琉璃
常用场景：古代中国宫殿、楼阁、庙宇及民宅
始用时间：
早于公元前 87 年 柏梁殿“鱼尾铜瓦”（没有地接的避雷装置）
公元 1416 年 五台山金殿“雷火炼殿”
早于 1688 年 法国卡勃里欧列·戴马《中国新事》内提及（接近现代避雷针）

鱼尾铜瓦

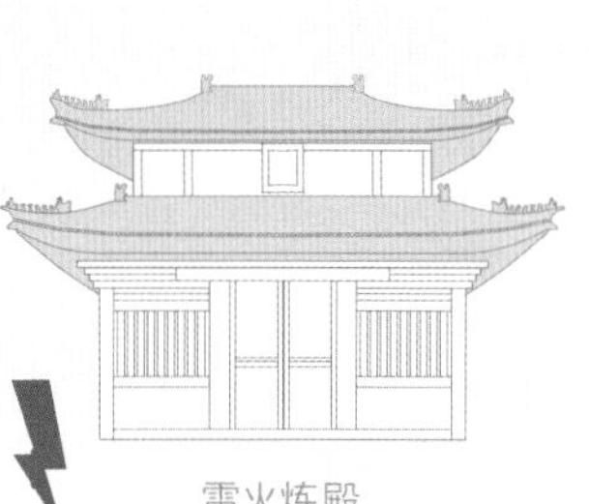

雷火炼殿

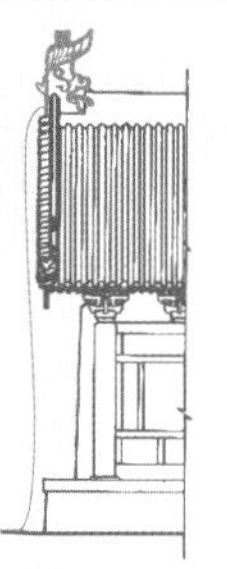

《中国新事》

高淳保圣寺塔

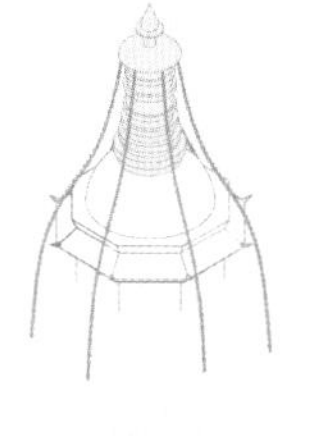

岳阳慈氏塔

塔刹

常用材质：铜等金属材质
常用场景：佛塔、中式楼阁等
始用时间：公元 713 年—714 年 岳阳慈氏塔（接近现代避雷针）
公元 239 年 高淳保圣寺塔

富兰克林避雷针

发 明 者：本杰明·富兰
常用材质：铁（金属）
常用场景：各类建筑
始用时间：1752 年

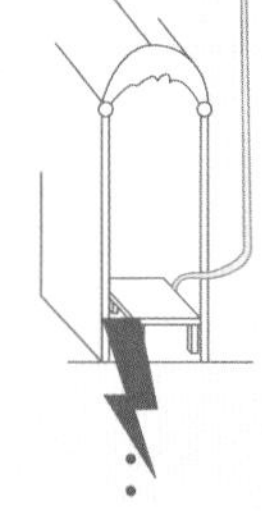

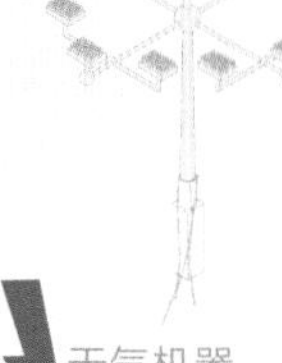

天气机器

发 明 者：普罗科普迪维什
常用材质：金属（铁、锡等）
常用场景：各类建筑配套的
始用时间：1754 年 6 月

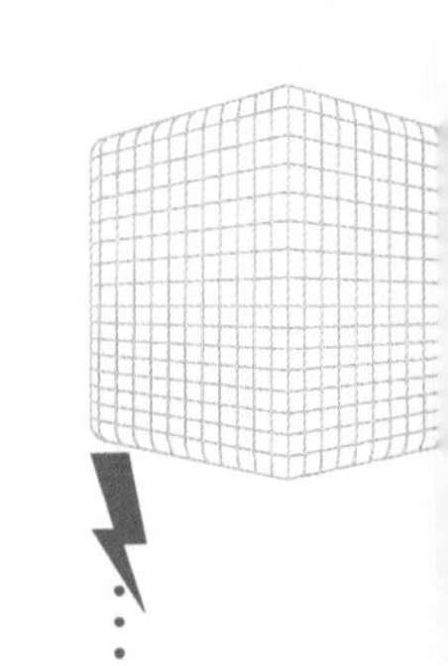

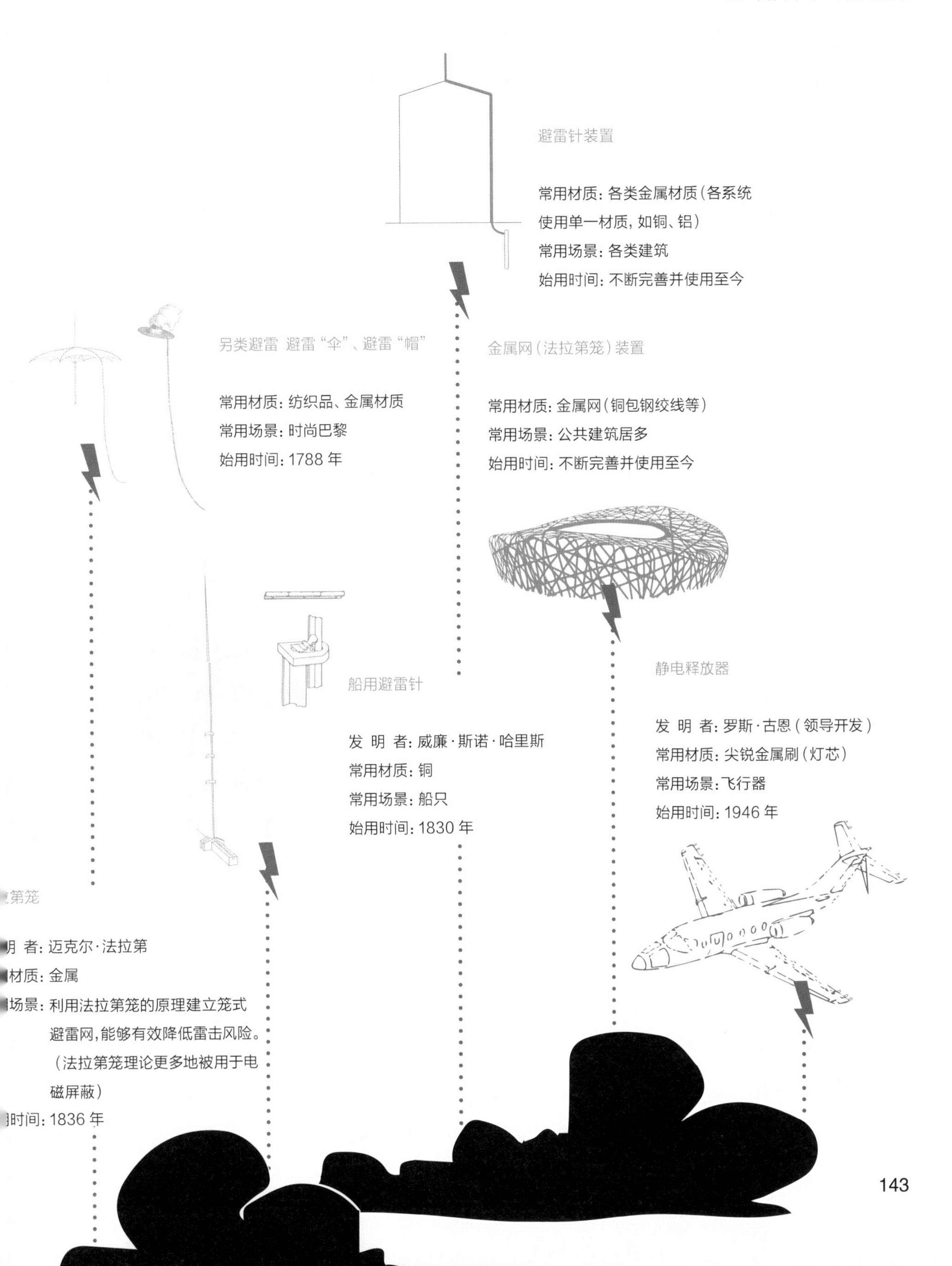
避雷针装置
常用材质：各类金属材质（各系统使用单一材质，如铜、铝）
常用场景：各类建筑
始用时间：不断完善并使用至今
另类避雷　避雷“伞”、避雷“帽”
常用材质：纺织品、金属材质
常用场景：时尚巴黎
始用时间：1788 年
金属网（法拉第笼）装置
常用材质：金属网（铜包钢绞线等）
常用场景：公共建筑居多
始用时间：不断完善并使用至今
船用避雷针
发 明 者：威廉·斯诺·哈里斯
常用材质：铜
常用场景：船只
始用时间：1830 年
静电释放器
发 明 者：罗斯·古恩（领导开发）
常用材质：尖锐金属刷（灯芯）
常用场景：飞行器
始用时间：1946 年
第笼
明 者：迈克尔·法拉第
材质：金属
场景：利用法拉第笼的原理建立笼式避雷网，能够有效降低雷击风险。（法拉第笼理论更多地被用于电磁屏蔽）
时间：1836 年

雷电是大自然带来的感官盛宴，

从膜拜惊惧到躲藏逃避，从震撼追逐到预测预防，

电闪雷鸣背后，

蕴藏着暂时还抓不住的巨大能量。

肆

天且雨　琴弦缓

湿度的观测与测量

三日雨不止，蚯蚓上我堂。

湿菌生枯篱，润气醭素裳。

宋　梅尧臣

一　悬炭天平湿弦线

衣湿黄梅天　秋深悬炭轻

悬羽与炭

在气候要素里，湿度是一个重要的指标。千年前，空气中的干湿并不是用刻度和百分比表示。人们的认知大抵就是，湿度越小表示空气越干燥，湿度越大表示空气越潮湿。

太多的古诗词留下了湿度在人们日常生活的点点滴滴。早在西晋，傅玄就有一首《炎旱诗》问世，诗中的“河中飞尘起，野田无生草”就写出了空气的干燥和旱情的严重。宋代梅尧臣的《梅雨》诗中有“湿菌生枯篱，润气醭素裳。”其中“润气”就是潮气、湿气。北宋诗人郭祥正则有“屋漏沿窗玉篆斜，索居蒸湿度年华。”明代任环，在《上嘉定城隍 · 庭穴蚁何处》中写道“庭穴蚁何处，长空燕不来。正须潮湿础，又见月盈台。汗背翻成雨，劳心已作灰。何当瞻拜际，一洒润苍苔。”

空气湿度肉眼是看不到的，虽然人人都能感受到，甚至万物有感，但是怎样大致评估空气湿度的大小，自古以来人们都在不断尝试着空气湿度的测量方法。

我国可能是最早发明测湿仪器的国家了。《史记 · 天官书》中曾提到一种把土和炭分别挂在天平两侧，以观测挂炭一端天平升降的仪器。这其实就是原始的“湿度计”。它的原理是：天气干燥了，炭就轻，天平就倾向于土；天气潮湿了，炭就重，天平就倾向于炭。

也就是古人说的“燥故炭轻，湿故炭重”。《淮南子 · 泰族训》曰：“夫湿之至也，莫见其形，而炭已重矣。”大意是：湿气到来的时候，人是看不见的；但是炭已经表现出沉重了。这就进一步阐明了这个测湿仪器能判断出看不见的水汽含量程度。

东汉王充在《论衡 · 变动篇》中曾经谈道，琴弦变松，天就要下雨。琴弦变松，是空气潮湿、弦线伸长所造成的，表示空气湿度较大。由此可见，古代的弦琴也可当作原始的空气湿度测量仪器。与现代毛发湿度计中的“毛发”理念基本一致。

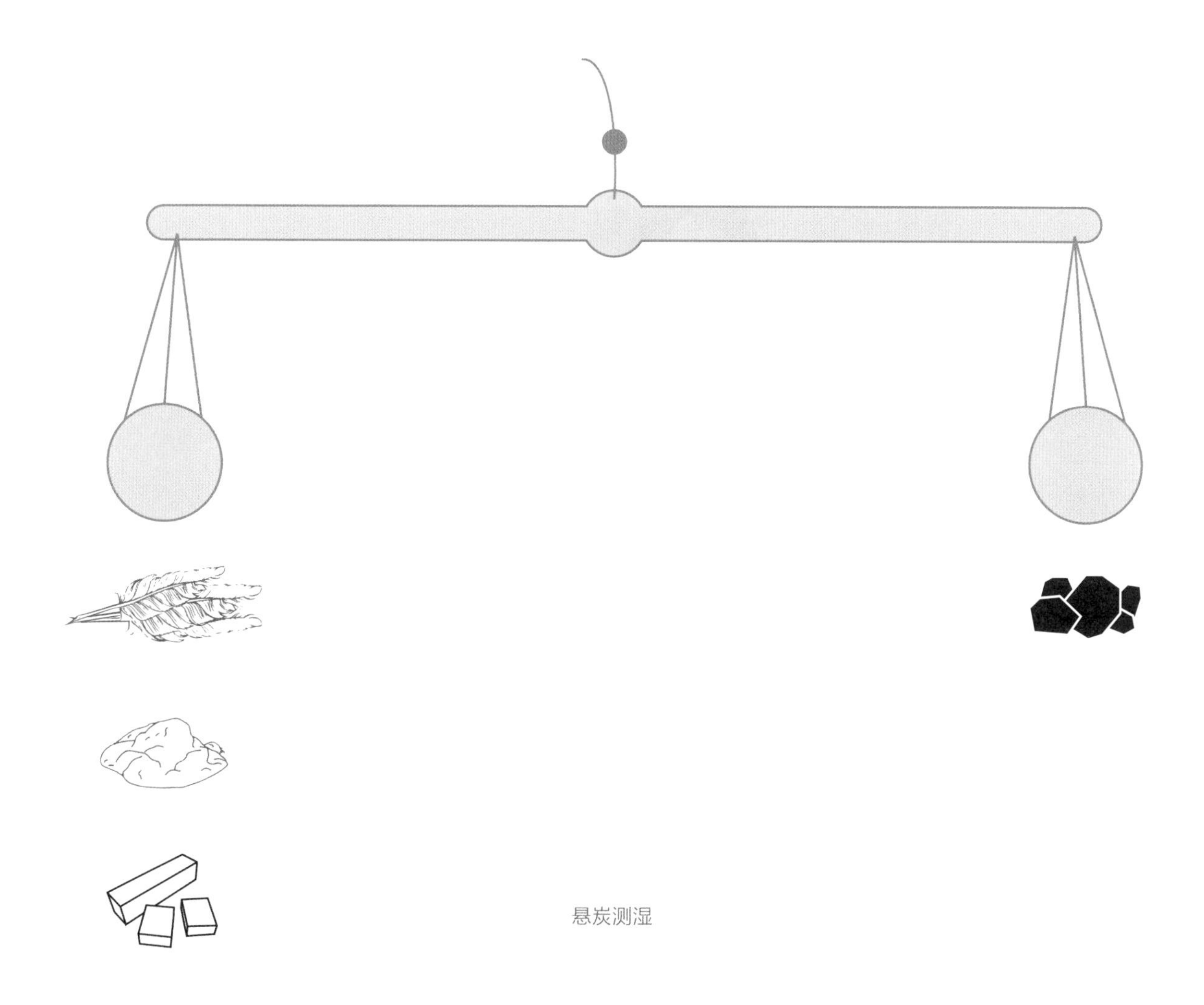

悬炭测湿

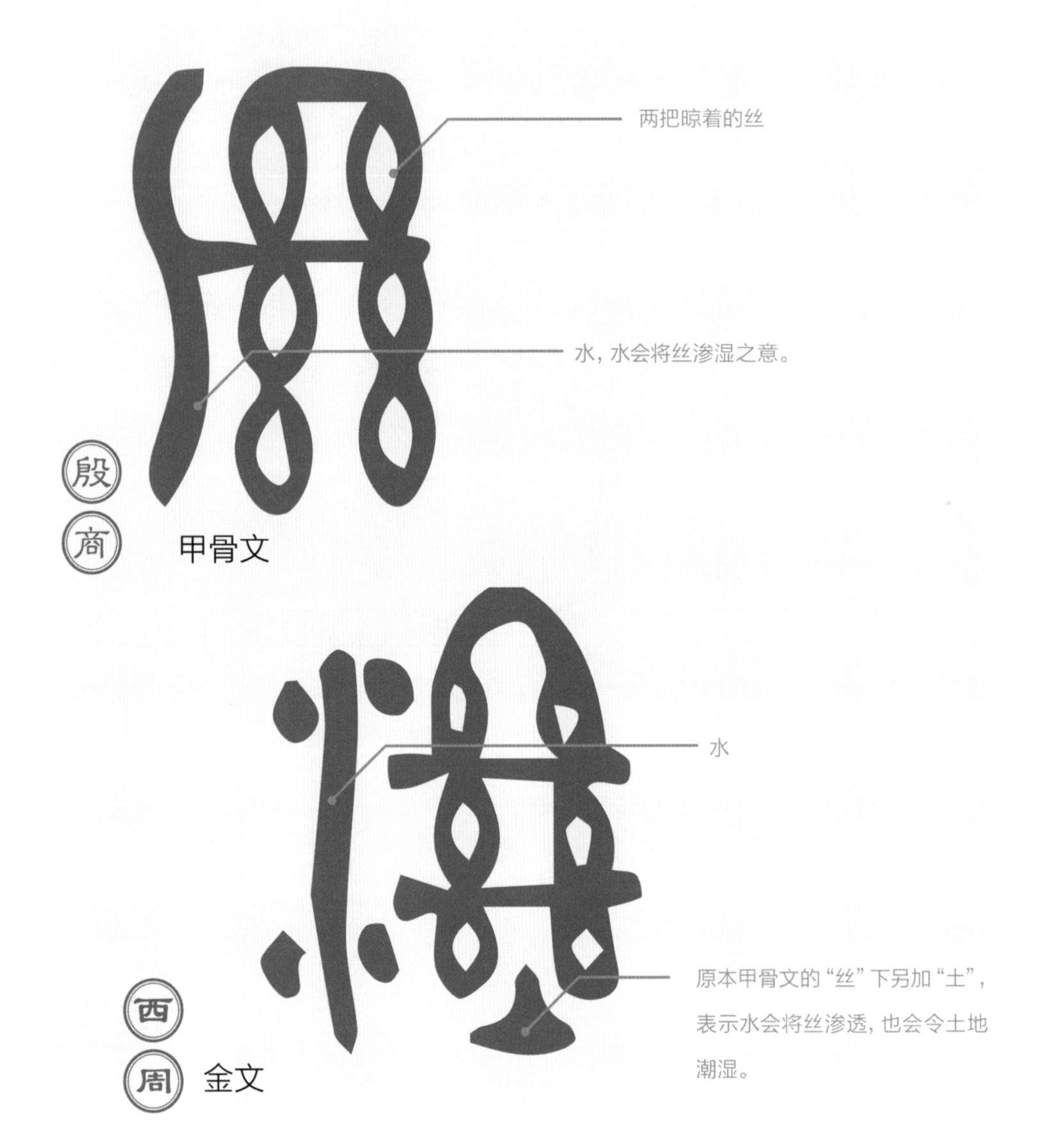
两把晾着的丝
水，水会将丝渗湿之意。
殷
商
甲骨文
水
原本甲骨文的“丝”下另加“土”，表示水会将丝渗透，也会令土地潮湿。
西
周
金文

高洁之弦

除了悬炭天平外，另一种测湿装置在更早的时间出现。东汉王充在《论衡 · 变动篇》中曾经谈道，琴弦变松，天就要下雨。琴弦变松，是空气潮湿、弦线伸长所造成的，表示空气湿度较大。由此可见，古代的弦琴也可当作原始的空气湿度测量设备。

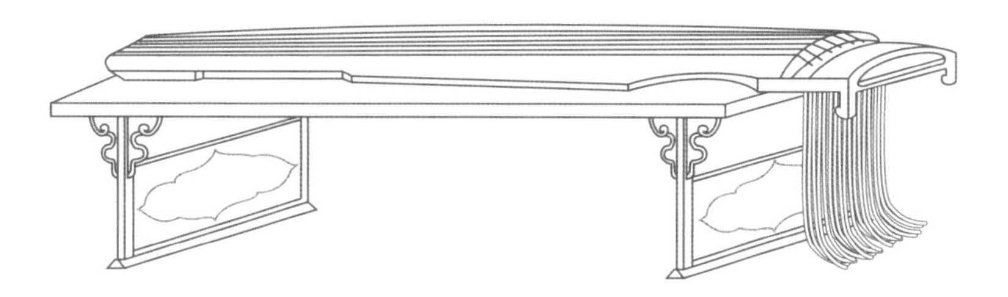

古琴最早出现于周朝，关于古琴最早的文字记载见于《诗经》。《诗经》收集了从西周初年至春秋中叶（前 11 世纪—前 6 世纪）的诗歌，反映了周初至周晚期约 500 年间的社会面貌。春秋战国时期，伯牙和子期《高山流水》觅知音的故事，成为古琴相关的佳话美谈。

元末明初娄元礼在《田家五行》一书中也说，“琴瑟弦索调得极和，则天道必是一望略无纤毫，方能如是；若是调卒不齐，则必阴余之变，盖亦气候致而然也。若高洁之弦忽自宽，则因琴床润湿故也，主阴雨。”大意是质量很好的干洁弦线忽然自动变松宽了，那是因为琴床潮湿的缘故；出现这种现象，预示着天将阴雨。他还谈到，琴瑟的弦线所产生的音调如果调不好，也预示有阴雨天气，

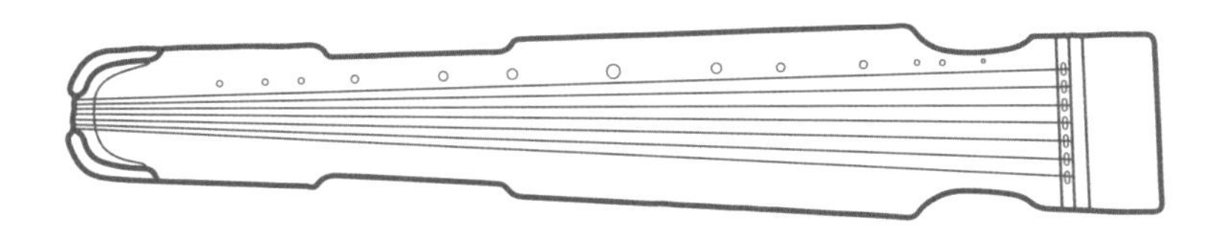

这其实也是因为变松宽了的弦线，其音准敏感度降低。由此可见秦汉时，人们对空气湿度已有准确的认识，通过琴弦变化评估空气湿度变化。

清康熙年间，西方来华传教士南怀仁曾用小鹿的筋做成一个弦线湿度表，以验空气中的燥湿程度。其原理也是“鹿筋吸湿”。

无论是琴弦还是鹿筋，都与现代毛发湿度计中的“毛发”原理非常接近了。湿度变化引起琴弦长度的变化是很微小的，难以察觉的，但反映在该琴弦所发的音调高低的变化却是十分明显的。这里可以说已经孕育着悬弦式湿度计的基本原理了。

鲸骨之争

世界上最早的测湿仪，名归“悬炭”还是“琴弦”仍需推敲，但它们都比欧洲同类的测湿仪器早了 1000 多年。远在大洋彼岸关于测湿仪器有个知名的“鲸骨之争”，是关于欧洲“最早”测湿仪名归哪处的科学争论。

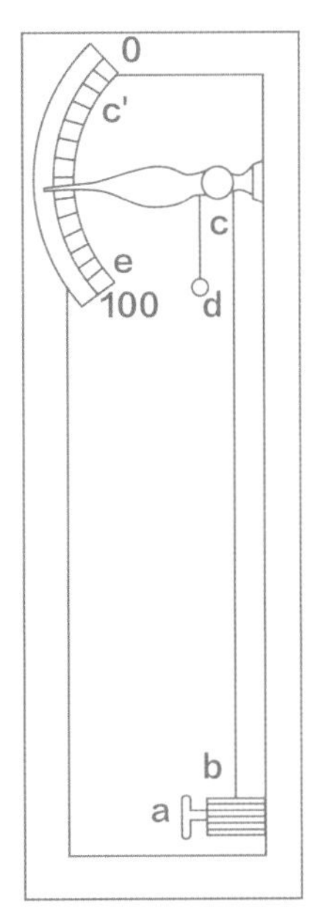

使用人头发的张力湿度计

早期的测湿装置，使用了人或动物的毛发，并令其保持一定的张力。毛发具有吸湿性（保持水分）；它的长度会随着湿度的变化而变化，并且长度的变化可能会通过机械装置放大并显示在刻度盘或刻度尺上。在 17 世纪后期，这种装置被一些科学家称为吸湿镜，该词现已不再使用。鲸鱼骨头和其他材料可用来代替毛发。

1783 年，瑞士物理学家和地质学家霍勒斯 · 本尼迪克特 · 德 · 索绪尔制作了第一台使用人发的头发张力湿度计（如左图所示），被认为是此类湿度计的发明者。它由一根 8~10 英寸长的人头发加上滑轮装置组成，头发的一端固定在螺钉 a 上，另一根通过滑轮 c 固定，并被丝线和重物 d 悬垂收紧。滑轮连接至分度器，分度器在刻度尺（e）上移动。通常头发被去除油脂，例如首先将头发浸泡在乙醚中，可以使仪器更加灵敏。

另一位来自瑞士的让－安德烈·德吕克（1727 年—1817 年）是瑞士地质学家、自然哲学家和气象学家。他设计了一种用于地质考察的便携式气压计，其中包含有关水分、蒸发以及湿度计和温度计等指标的测量。他发表在《皇家学会自然哲学汇刊》的论文中展示了新的湿度装置，该装置类似一个水银温度计，用象牙球，从而扩大了水分的，并引起了汞（水银）下降（他提倡在测量装置中使用汞而不是酒精）。德吕克还给出了第一个在气压计的帮助下测量高度的正确规则。

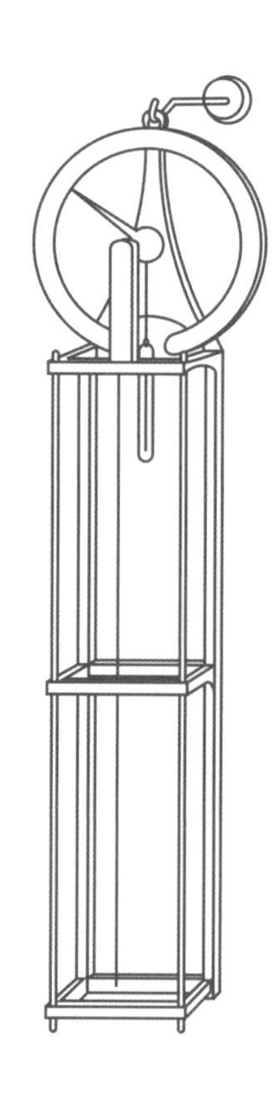

他的另一设计是一种鲸骨湿度计，由此引发了与霍勒斯·本尼迪克特·德·索绪尔之间的激烈争论，也就是人们说的“鲸骨之争”。德吕克认为他才是头发湿度计的发明者。他关于湿度装置的论文早在 1773 年就已经发表了，并在 1791 年发表了相关的第二篇论文。他的鲸骨湿度计至今还保存在日内瓦的一座博物馆中。

科学家们之间的争论代表了它们各自对科学主张的坚持，而带给我们的则是他们各自更多更值得推敲的发明。

二　验燥湿器测晴雨

奇器汇新知

黄子履庄巧制奇器

“所制亦多，予不能悉记。犹记其作双轮小车一辆，长三尺许，约可坐一人，不烦推挽能自行；行住，以手挽轴旁曲拐，则复行如初；随住随挽，日足行八十里。作木狗，置门侧，卷卧如常，惟人入户，触机则立吠不止，吠之声与真无二，虽黠者不能辨其为真与伪也。作木鸟，置竹笼中，能自跳舞飞鸣，鸣如画眉，凄越可听。作水器，以水置器中，水从下上射如线，高五六尺，移时不断。所作之奇俱如此，不能悉载。”（《虞初新志 · 黄履庄传》）

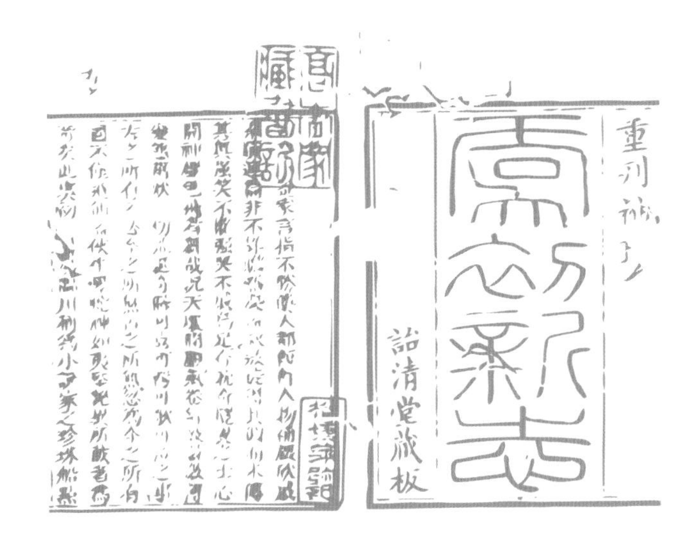
重刊補訂
虞初新志
詒清堂藏板

验燥湿器

1683 年黄履庄成功制作了第一架利用弦线吸湿伸缩原理的“验燥湿器”，即湿度计。它的特点是：“内有一针，能左右旋，燥则左旋，湿则右旋，毫发不爽，并可预证阴晴。”他发明的“验燥湿器”有一定的灵敏度，可以“预证阴晴”，具有实用价值。这和欧洲虎克发明的轮状气压表的原理相似，验燥湿器可以说是现代湿度计的先驱。

机械空调

他在 300 多年前就发明了机械空调，完全利用自然能源，可令室内产生自然凉风。

自行车

《清朝野史大观》记载：“黄履庄所制双轮小车一辆，长三尺余，可坐一人，不须推挽，能自行。行时，以手挽轴旁曲拐，则复行如初，随住随挽日足行八十里。”由此可见，他制造的自行车，前后各有一个轮子，骑车人手摇轴旁曲拐，车就能前进，这是史料最早记载的自行车。

机械狗

“作木狗，置门侧，卧如常，惟人入户，触机立吠不止，吠之声与真无二，虽黠者不能辨其真与伪也。”他特制的木狗，有人来敲门就会站起来，发出像真狗一样的叫声，狗的头部有机关，拨弄一下，看门狗乖乖地躺下，不再大声吠叫了。

大发明家黄履庄

非常遗憾没能留下这位天才发明家的《奇器图略》，记录他的文字也只有寥寥，没能让他的发明早一些走入千家万户，只有口口相传的他的传说。他是善学者，善思者，善行者；他是我们的大发明家，公元 1656 年生人的黄家之子——黄履庄。幸而其表哥张山来所著《虞初新志·黄履庄传》，从《奇器目略》里“偶录数条，以见一斑”，选出 27 种机械器具的名称，使黄履庄的发明没有尽数遗失在岁月里。

探照灯

“瑞光镜”，这种瑞光镜可以起到探照灯的作用，明末时期就有此类的记载。黄履庄的发明，对其有很大改进，他大大增加了凹面镜的尺寸，最大的直径达五六尺。《虞初新志·黄履庄传》记载道：“制法大小不等，大者五六尺，夜以灯照之，光射数里，其用甚巨。冬月人坐光中，遍体升温，如在太阳之下。”由于当时只能是蜡烛和太阳光之类的光源，凹面镜的口径大，它所能容纳的光源也就大，这就使得人们可以提高光源强度，这样经过反射形成平行光以后，照在人身上就有“遍体生温”的感觉，亮度也大大增加了。

机械人

“尝背塾师，暗窃匠氏刀锥，凿木人长寸许，置案上能自行走，手足皆自动，观者异以为神。”

显微镜、千里镜、望远镜、取火镜、临画镜、缩亮镜、多物镜、驱暑扇、龙尾车（提水机械）、报时水、瀑布水等。“千里镜于方匣布镜器，就日中照之，能摄数里之外之景，平列其上，历历如画。”

“黄子之奇，固自有其独悟，非一物一事求而学之者所可及也。”

阿尔卑斯山识新知

霍勒斯·本尼迪克·德·索绪尔于 1740 年 2 月 17 日出生在瑞士日内瓦附近，并于 1799 年 1 月 22 日在日内瓦去世。他是“鲸骨之争”的主角之一，被认为是毛发湿度计最早的发明人。他是瑞士著名的地质学家、气象学家、物理学家、登山家和阿尔卑斯探险家，被人们称为阿尔卑斯主义和现代气象学的创始人。

阿尔卑斯山是索绪尔研究考察的重要所在。他将它视为了解地球真实理论的重要钥匙。先后 7 次登上阿尔卑斯山，这给他带来了大量的科学思考和启示，并且进行了关于热和冷、大气重量以及电和磁的大量实验。最早的静电计是他的众多发明之一，他还被认为是已知的第一个发明太阳能烤箱的人。

因为对气象现象测量迷恋，索绪尔发明并改善了许多种装置，包括磁强计，用于判断空气的能见度的蓝度计，以及风速计，用于测量水的蒸发率从湿表面到大气中的蒸发器等。他特别重要的一个发明设计是并用于对大气湿度、蒸发、云、雾和雨进行一系列调查的头发（马毛）湿度计。

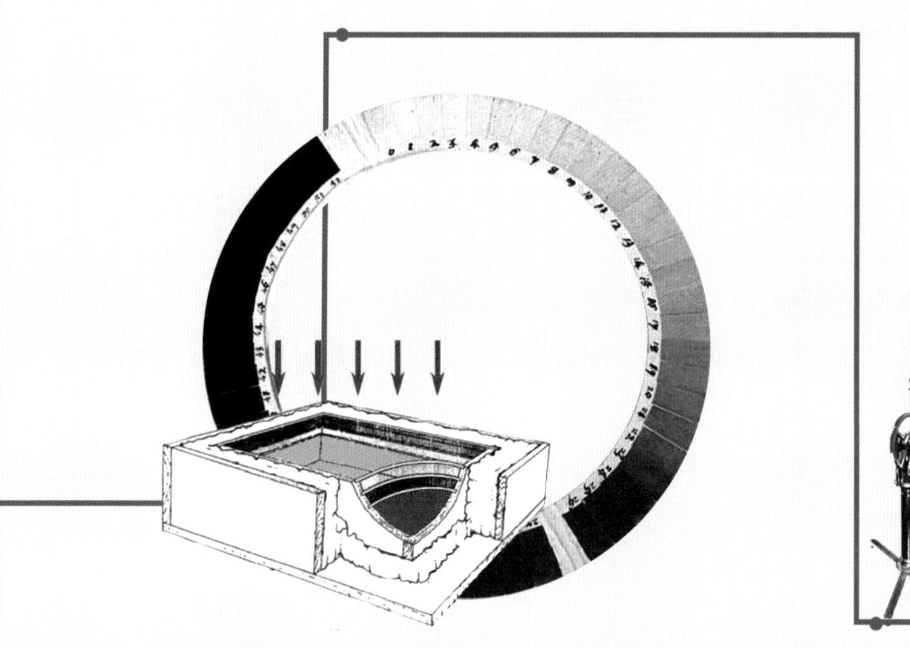

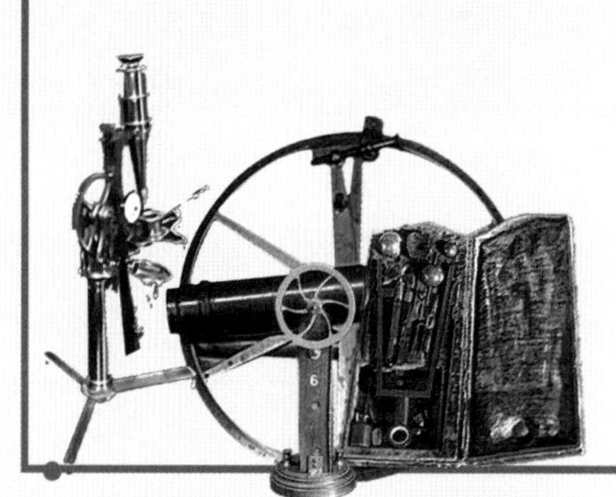

除此之外，日内瓦的科学史博物馆收藏了他发明的静电计、风速仪，还有显微镜和大地测量器。

三　晴干鼓响　雨落钟鸣
历史上的去湿化燥

湿度影响生活

湿度对我们的空气有重要影响，影响水蒸气和降雨。晴干鼓响，雨落钟鸣。它影响着周遭的事物、环境，也对人类和动物健康有影响。

在长时间的高湿度之后，空气会变得“沉重”。下雨时，空气湿度降低，感觉“更轻”。高湿度（“潮湿的空气”）或低湿度（“干燥的空气”）都会对幸福和健康产生负面影响。人们可以立即感受到一些影响，当调节湿度时（或当您离开房间时）它们会消失，一些影响可能会在几年后出现。

过于潮湿或干燥会导致很多问题，对人们居住环境的影响更是直观，然后间接反映在人们的健康状况上。

湿度问题	湿度太大	湿度太小
典型症状	房间里的霉味	静电和火花
	墙壁和天花板上的湿渍	电子设备故障
长期影响	损坏房屋和物品	损坏家具和其他物品

在没有除湿器和加湿器的古代，建筑本身就是去湿减燥的重要空间。木建筑虽然有良好的美观性，但是实用性上却比砖石的要差一些。木质材料有容易因潮湿发生腐朽的缺陷，因此古人对木建筑的防湿还是有一套方法的，这些方法也反映了古人的智慧，

让这些古建筑能保存至今。

古代的空气循环器，其实是在柱子与墙体相交的位置上不让柱子直接接触墙体而是在两者之间留有空隙，同时柱子的底部还会留一个砖的洞口。为了起到装饰的作用，工匠们还会用各种雕饰纹样的砖来填补这个洞口，柱子底部这个带有镂空图案的砖就是透风砖。透风是古建筑排湿干燥的重要处理方式，其功能类似于今天的“空气循环器”。这种方式可以让建筑内外形成一种空气交换，让空气进行流动，防止墙体内与墙体外因为温度不同而产生压力差，造成建筑长时间后发生变形。

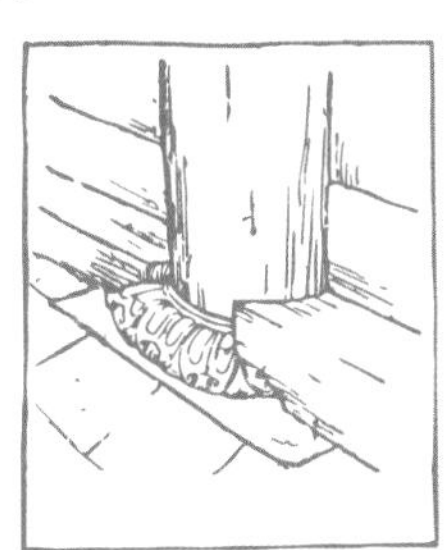

南风柱础乾，柱础不仅是承受屋柱压力的奠基石，也是房屋木柱防潮防腐的去湿“神器”。

出檐是建筑屋面突出外墙向外部空间的延伸。“上尊而宇卑，叱水疾而远。”古代造房要使屋顶高耸、屋檐低下，坡度越大，雨水的流速越大，从而减少了连绵降雨对建筑缝隙的渗透。翘脚是在建筑出檐的同时向上翻起，这一设计不仅使檐角形式更加灵动富有美感，而且为建筑内部争取了更多的阳光，使日照的部位加大、面积更广，更利于建筑本身及室内环境的纳阳防潮。

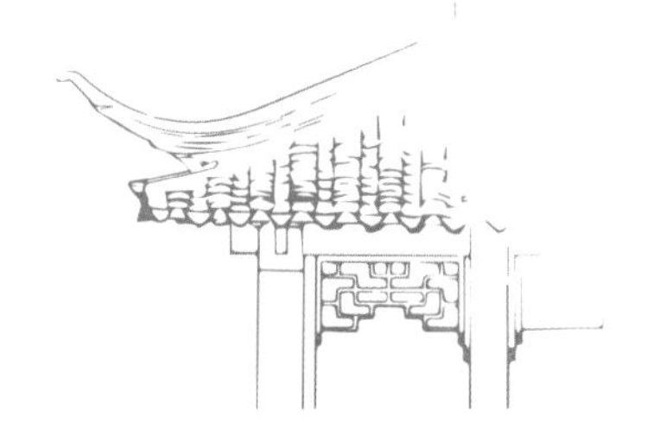

由外到内，在建筑的内部也有一些细节抵抗湿度的影响。《养生随笔》：“称床大小，高五六寸，其前宽二尺许，以为就寝伫足之所，今俗有所谓‘踏床’者。”在晚上睡觉时，床一定要高，不能和地挨着，也不要直接挨着墙壁，即使是床头，也需要隔着一层木板。原因是“壁土湿蒸”，人如果直接挨着墙壁或在地板上睡，湿气也很容易侵袭进身体。光这样还不够，《竹窗琐语》曰：“黄梅时，以干栎炭置床下，堪收湿，晴燥即撤去，卧久令人病。”梅雨季的时候，古人还要在床下放置干净的木炭来吸收湿气。这样即使在睡眠过程中，也能保护好自己。

古人还会想办法拿一些冰凉的石头放在室内，能够有效除湿。衣服在这种多雨季很容易受潮，或者洗了之后也不容易干，甚至有异味。古人同样会选择用香气来熏制衣服。先将热水放在熏笼下面，衣服覆盖在熏笼上面，熏润之后，再将香炉放在熏笼下面，加以熏制，这样，衣服容易吸收香气。宋代词人周邦彦说：“衣润费炉烟”，讲的就是这个意思。

阴成形，阳化气

湿度问题	湿度太大	湿度太小
典型症状	疲劳	眼睛干涩
	感觉热或出汗	嘴唇干裂
	卷曲的头发	流鼻血、鼻子痒
	睡眠中断、呼吸系统的问题	刺激皮肤
	过敏和哮喘	过敏和哮喘
长期影响	持续过敏、其他健康问题	持续不适

想要解决整个大环境的湿气对身体的负面影响，用香也是一个很好的方法。宋人潘良贵在《夏日四绝》里说："扫地焚香避湿蒸，睡馀茶熟碾声清。"《苏幕遮 · 燎沉香》："燎沉香，消溽暑。""阴成形，阳化气"，香是属阳的。香气行走在空气中，不怎么坚定的湿气、浊气，能够被它"赶跑"。入夏之后，几乎每隔两三天，我都会在房间里点燃一支艾条，关闭好门窗。人在外面待 30 分钟，再进房间会明显感觉到空气变得干燥了许多，感觉毛孔都打开了，很轻松。香在大环境下，除了为我们营造出一种干燥清爽的环境外，还可以唤醒被困在脾胃的湿气，让它能够自我云化。

人们佩带的香囊不仅起到祛除身上异味的作用，据说还能祛除身上的湿气。

除了焚香之外，中医认为，食物也有祛湿和化燥的作用。

祛湿食物：枸杞、生姜、辣椒、薏米、牛蒡、绿豆。

化燥食物：蜂蜜、雪梨、莲藕、萝卜、山药、石榴。

在出行上，古人有一个大原则，叫作“四不出”，即“大风、大雨、大寒、大热也。愚谓非特不可出门，即居家亦当密室静摄，以养天和；大雷大电，尤当缄口肃容，敬天之怒。如值春秋佳日，扶杖逍遥，尽可一抒沉郁之抱。”这里是说，如果遇到风大，雨大，特别冷或者特别热的时候，如果不是必要最好不要出门，在家里调摄自己的心神。最好是春天或者秋天的时候，遇到好的天气，再出一趟远门，把胸口郁结的那口气给打开，舒展身体。

那如果在特殊天气下，必须要出门怎么办呢？有两个讲究，一个是穿鞋，像现在的雨季，最好穿木屐，可以隔离地上的湿气。《养生随笔》：“以木置履底，干腊不畏泥湿……底太薄，易透湿气。”不要穿底太薄的鞋子，湿气容易透过鞋底进来，长期这样，容易出现上热下寒的情况。“暑天方出浴，两足尚余湿气，或办拖鞋。其式有两旁无后跟，鞋尖亦留空隙，着少顷，即宜单袜裹足，毋令太凉。”夏天热，刚刚洗完澡，双脚还有一些湿气，可以先穿拖鞋，等脚干了之后，再穿袜子，这也是隔离湿气的一个方法。

最早的除湿和加湿

第一台除湿机由美国发明家威利斯·哈维兰开利于 1902 年发明，用于为布鲁克林印刷厂除湿。

1901 年夏季，位于美国纽约布鲁克林区的萨克特·威廉斯印刷出版公司由于空气湿热，生产大受影响：油墨老是不干，纸张因湿热伸缩不定，印出来的东西模模糊糊。于是，印刷出版公司找到水牛公司，寻求一种能够调节空气温度和湿度的设备。为了解决空气质量问题给出版公司造成的困扰，开利博士提交了世界上第一个现代空调系统的图纸。具体设想是既然充满蒸气的管圈可以使周围的空气变暖，那么将蒸气换成冷水，使空气吹过冷水管圈，周围不就凉爽了？同时，潮湿空气中的水分在管圈上冷凝成水珠并滴落，最后剩下的就是更凉爽、更干燥的空气了。

这次设备的安装，增加了对湿度控制，使人们认识到空调必须具有四个基本功能：控制温度、控制湿度、控制空气循环和通风净化空气。

经过几年的改进和现场测试，1906 年 1 月 2 日，开利获得了处理空气设备的专利，这是世界上第一台喷雾式空调设备。它旨在加湿或除湿空气，第一个功能加热水，第二个功能冷却水。

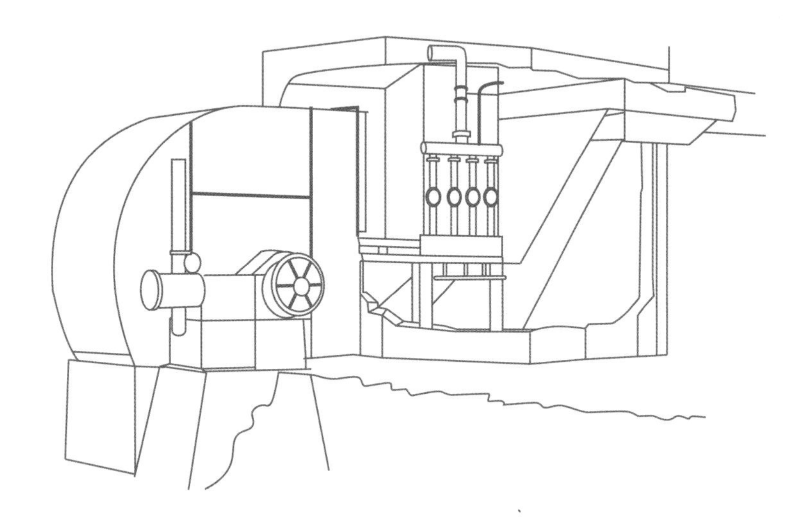

有除湿来应对空气高湿度的，就有加湿来抵御低湿度，让空气环境更适合人们的工作和生活。1932 年 11 月，布拉什菲尔德为其“气体加湿装置”申请了专利，该专利于 1934 年 9 月获得批准。这是一种对抗干燥空气的早期加湿装置。

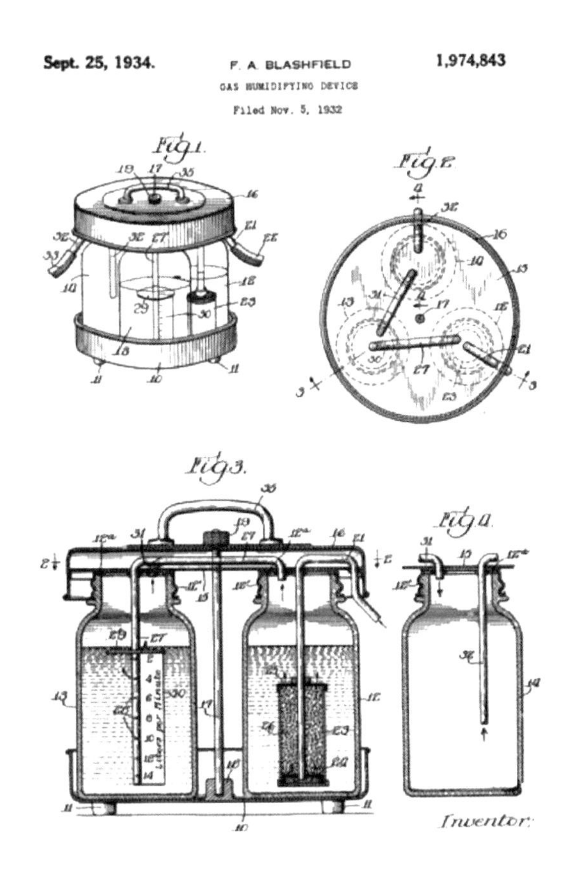

四　解构

气象史上的湿度计

琴弦测湿

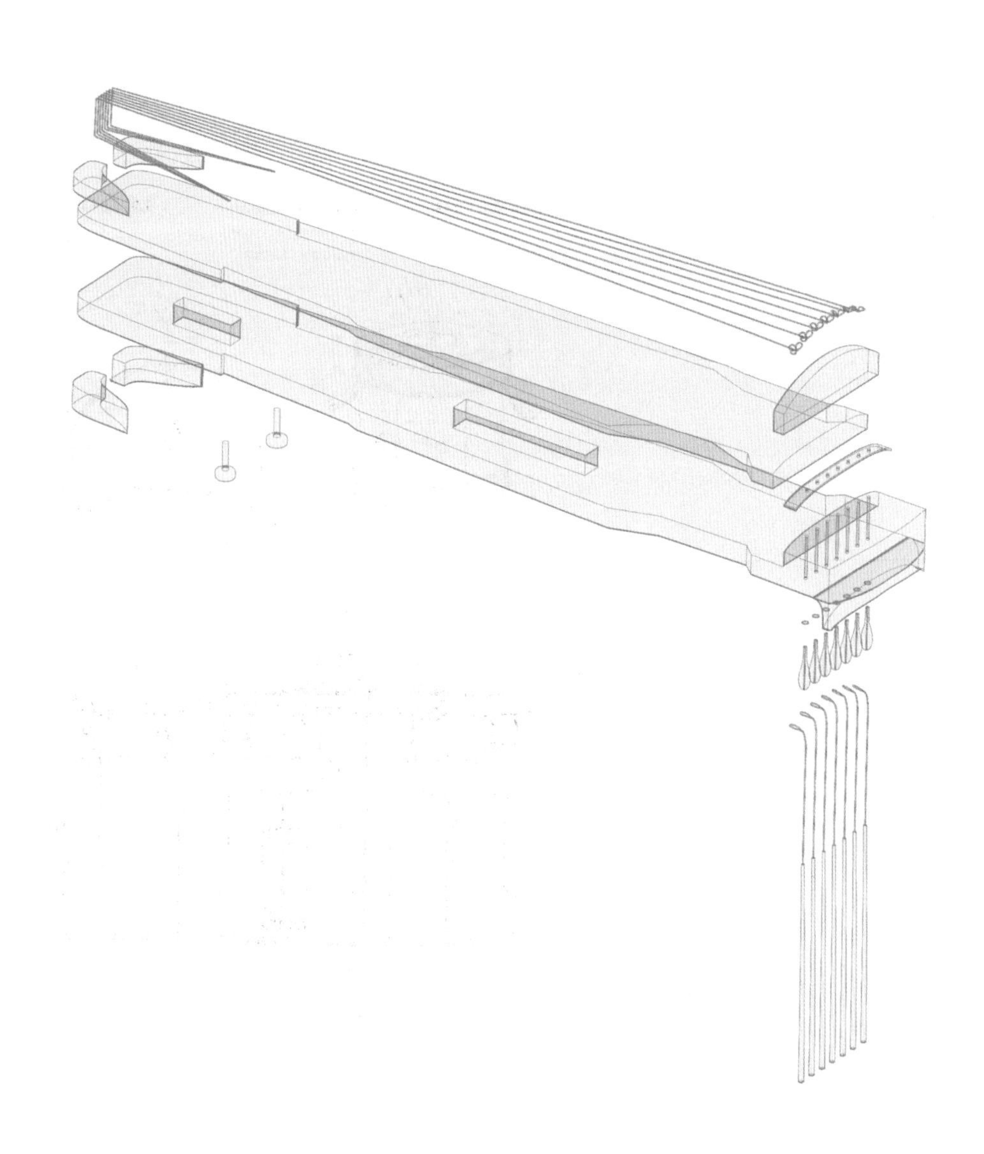

毛发湿度计

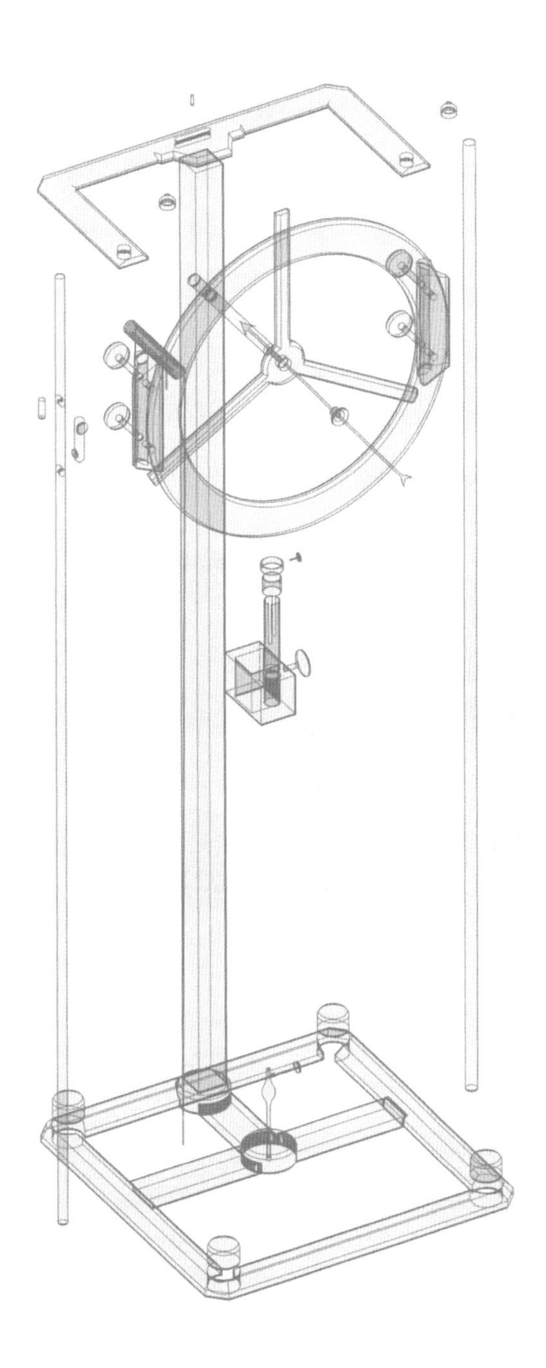

中国古代湿度计

琴弦测湿

常用材质：由上千根蚕丝制成一根琴弦，并通过煮弦，增加韧性。

始用时间：至今出土最早的古琴，西周（公元前 1046 年—前 771 年）。

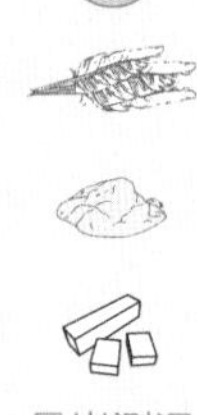

悬炭测湿

常用材质：木杆、炭、羽毛、土、铁块

始用时间：公元前 104 年—前 90 年（《史记》编著时间）

现代湿度计

干湿球（梅森）湿度计

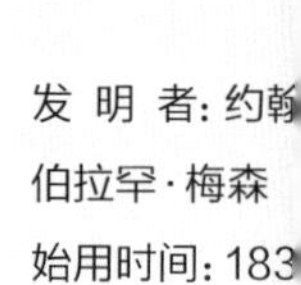

发 明 者：约翰

伯拉罕·梅森

始用时间：183

电容湿度计

通过在金属电极之间放置吸湿材料制成。吸湿性材料可以迅速吸收水分，因此电容器的电容降低。电子电路可测量电容的变化。

重力湿度计

重力湿度计测量空气样品与等体积干燥空气相比的质量。这被认为是确定空气水分含量的最准确方法。

电阻湿度计

电阻式湿度计的导电膜是由氯化锂和碳制成的。导电膜位于金属电极之间。导电膜的电阻随周围空气中湿度值的变化而变化。

光学湿度计

光学湿度计测量空气中水对光的吸收情况。光发射器和光检测器布置成在它们之间具有一定体积的空气。检测器看到的光衰减表示湿度。

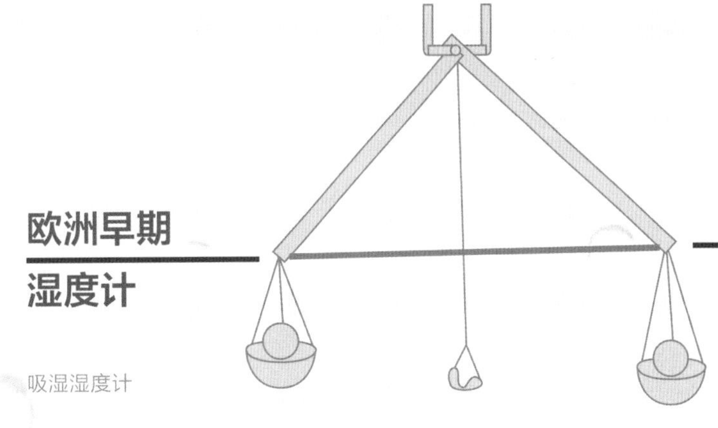

欧洲早期湿度计

验燥湿器

发 明 者：黄履庄

常用材质：琴弦、钢针

始用时间：1683 年

吸湿湿度计

发 明 者：莱昂纳多·达·芬奇

常用材质：棉花、蜡块

原　　理：该仪器整体框架类似于天平，它由一个盘子里含有吸湿性物质（海绵、棉花）和另一个盘子里的蜡（蜡不吸水）组成。随着空气中水分的增加 – 吸湿性物质的重量相应增加 – 秤将向吸湿性物质所在的盘倾斜。

始用时间：1481 年

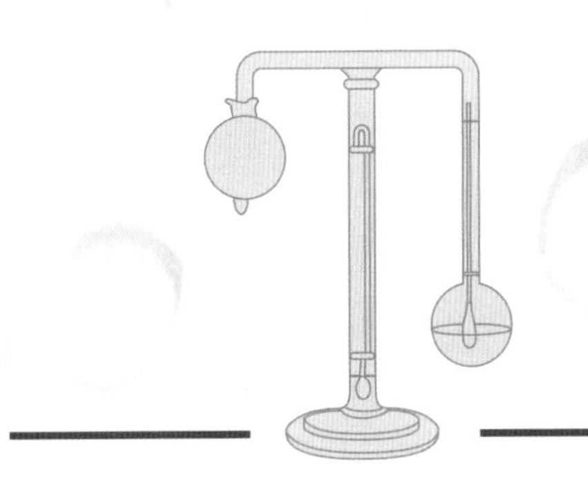

金属纸卷式湿度计

发 明 者：弗朗切斯科·福利

常用材质：纸、纸板、羊皮纸、皮革、绳索和其他材料对空气湿度变化非常敏感

原　　理：通过简单的机械系统，纸带充当干燥剂；当空气中的湿度发生变化时，纸带的长度也会发生变化，使铜指示针在中间旋转，显示空气中的湿度。由指针指示因大气湿度变化而引起的色带长度变化。

冷镜露点湿度计

发 明 者：约翰·弗雷德里克·丹尼尔

始用时间：1820 年

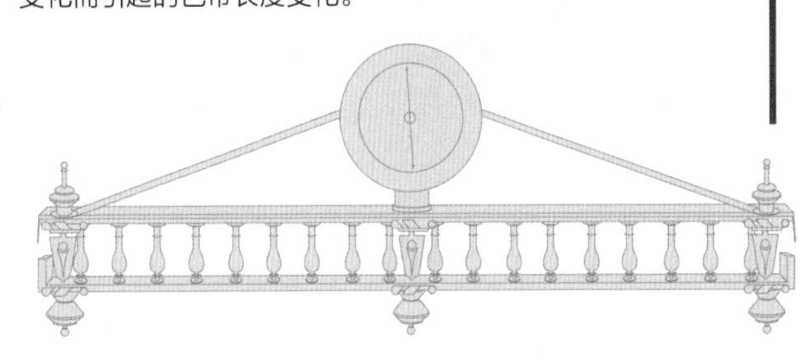

毛发湿度计

发 明 者：霍勒斯·本尼迪克特·德·索绪尔

常用材质：人类或动物毛发

始用时间：1783 年

45%~65%，

舒适，

科技让湿度变得可控。

伍

天无寒暑无时令

气温的观测与测量

无因羽翮氛埃外，坐觉蒸炊釜甑中。

石涧寒泉空有梦，冰壶团扇欲无功。

南宋　陆游

一　寒暑自有常

四气鳞次　寒暑环周

冰瓶之冰　炉火纯青

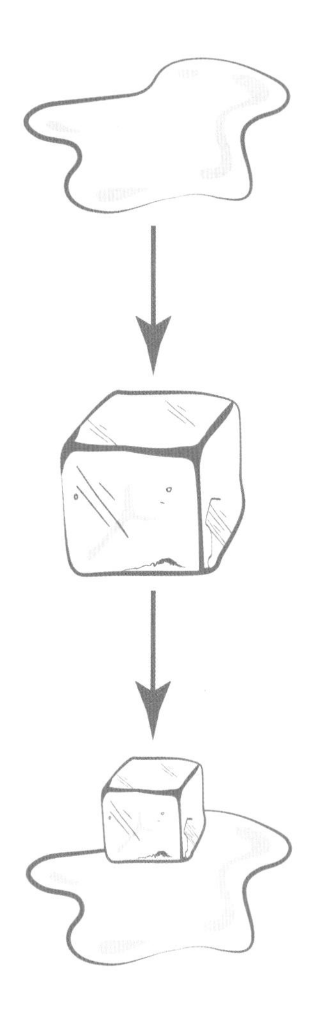

“寒暑自有常，不顾万物求。”大自然四季变化无法改变，却不阻碍人们去不断地了解和探究。

《吕氏春秋 · 慎大览 · 察今》中有文：“见瓶水之冰，而知天下之寒、鱼鳖之藏也。”类似的说法，在汉刘安《淮南子 · 说山》中也有记载：“睹瓶中之冰，而知天下之寒。”

中国早在公元前 2 世纪以前就开始用水作为“温度计”介质了。冰瓶是将水结冰作为温度的固定点，即现代的 0 摄氏度，通过水结冰和融化情况来判断气温。人们观察温度变化的“瓶子”：瓶子中装上水，如果水结冰了，气温即低于零下，进入寒冬了；如果冰融化，则气温回升。古人利用水在不同温度下的“水—冰—水”的形态变化，来推测温度下降和升高。使用这种技术的瓶子称“冰瓶”，也叫“水瓶”，可谓是中国最原始的一种温度计，也被视为现代温度计的雏形。

冰瓶是作为测量低温的一种简单工具，归类于“测冷仪”更为合适。

讲了冰，自然离不开火。“火候”，一种推测超高温度的方法，人们又称之为“火齐”，是借燃烧时火焰的变化来推测温度高低的技术。相对来说，低温和常温比较方便测量，测量高温特别是超高温的难度则比较大。古代中国人早在商周时期，就找到很实用的方法，并运用于青铜器的冶炼，这便是观察“火候”。这其实是一种“目测法”，《荀子 · 强国》中提到了这种方法，强调要铸造出精美宝剑，得掌握恰到好处的温度，即“刑范正，金锡美；工冶巧，火齐得”。

如何通过火候推测出温度的高低？有一个成语叫“炉火纯青”，这就是古人观察火候的标准之一，即在火焰没有杂色，是青色火焰时，温度最高。中国第一部手工艺专著、先秦时成书的《考工记 · 栗氏》是这样说的：“凡铸金之状，金与锡，黑浊之气竭，黄白次之；黄白之气竭，青白次之；青白之气竭，青气次之，然后可铸也。”这段文字说的就是观察火候的具体方法和过程，不同火焰和颜色的变化代表不同的温度。经过现代科学验证，火候法相当准确，因为不同物质的气化点不同，金属加热时由于升华、分解、化合等作用，会生成不同焰色的气体。如青铜冶炼时出现白色烟雾，约相当于 907 摄氏度，锌开始挥发；炉火纯青，表明温度已达到 1200 摄氏度，锌完全挥发，全是铜的青焰，此时就可以浇铸了。这种通过观察火候推测温度的方法，在古代许多领域都有运用。

十二律琯测地温

“以管候气。”古人使用一种叫“律琯”的装置来测定节气变化，即“律管吹灰候气法”。琯，古同“管”，律琯也被写作：律管，早期系用玉制成的笛子状物品，是玉制的标准定音器。相传黄帝时伶伦截竹为筒，以筒之长短分别声音的清浊高下。乐器之音，则依以为准，分阴、阳各六，共十二律。以材质区分有竹律、铜律与玉律，以玉律最为罕见。

北齐天气学家信都芳“能以管候气，仰观云色”，每月预报无不准确。据《隋书 · 律历志（上）》“候气”条，有一次信都芳对身边人说，“孟春之气至矣”。大家去看律琯，果然有了相应的反应。

信都芳所制律琯上设有 24 片轮扇，可以预测二十四节气。使用时，将律琯埋进土中，“每一气感，则一扇自动，他扇并住，与管灰相应，若符契焉。”开皇九年（公元 589 年）隋文帝杨坚在灭了南朝陈后，指派毛爽等人测报节气，毛爽便“依古”采用律琯“以管候气”，获得了准确的结果。

“律管吹灰候气法”并不是北齐信都芳的发明，在东汉时期已被使用。北宋沈括的《梦溪笔谈 · 象数一》引司马彪（逝于光熙元年，公元306年）《续后汉书》中“候气之法”:“于密室中以木为案，置十二律琯，各如其方。实以葭灰，覆以缇縠，气至则一律飞灰。世皆疑其所置诸律，方不踰数尺，气至独本律应，何也？或谓:‘古人自有术。’或谓:‘短长至数，冥符造化。’或谓:‘支干方位，自相感召。’皆非也。盖彪说得其略耳，唯《隋书志》论之甚详。其法:先治一室，令地极平，乃埋律琯，皆使上齐，入地则有深浅，冬至阳气距地面九寸而止。唯黄钟一琯达之，故黄钟为之应。正月阳气距地面八寸而止，自太蔟以上皆达，黄钟太吕先以虚，故唯太蔟一律飞灰。如人用针彻其经渠，则气随针而出矣。地有疏密，则不能无差忒，故先以木案隔之，然后实土案上，令坚密均一。其上以水平其槩，然后埋律。其下虽有疏密，为木案所节，其气自平，但在调其案上之土耳。”

这是“律管吹灰候气法”最为详尽的记载。文中，“葭灰”指芦苇茎中的薄膜所制成的灰，质极轻。“飞灰”，就是放置在律琯内极轻的葭灰会飞出来。这是“地下阳气”的作用。这里的“阳气”其实就是现代术语“地温”。土壤中温度在不同的季节变化不同，“以管候气”便利用了这一现象——律琯确切来说是一种“地温表”。这种通过地温变化来判断节气的做法，与现代通过气温来判断季节轮换的方法不同，但殊途同归，充分显示出了古人的智慧。

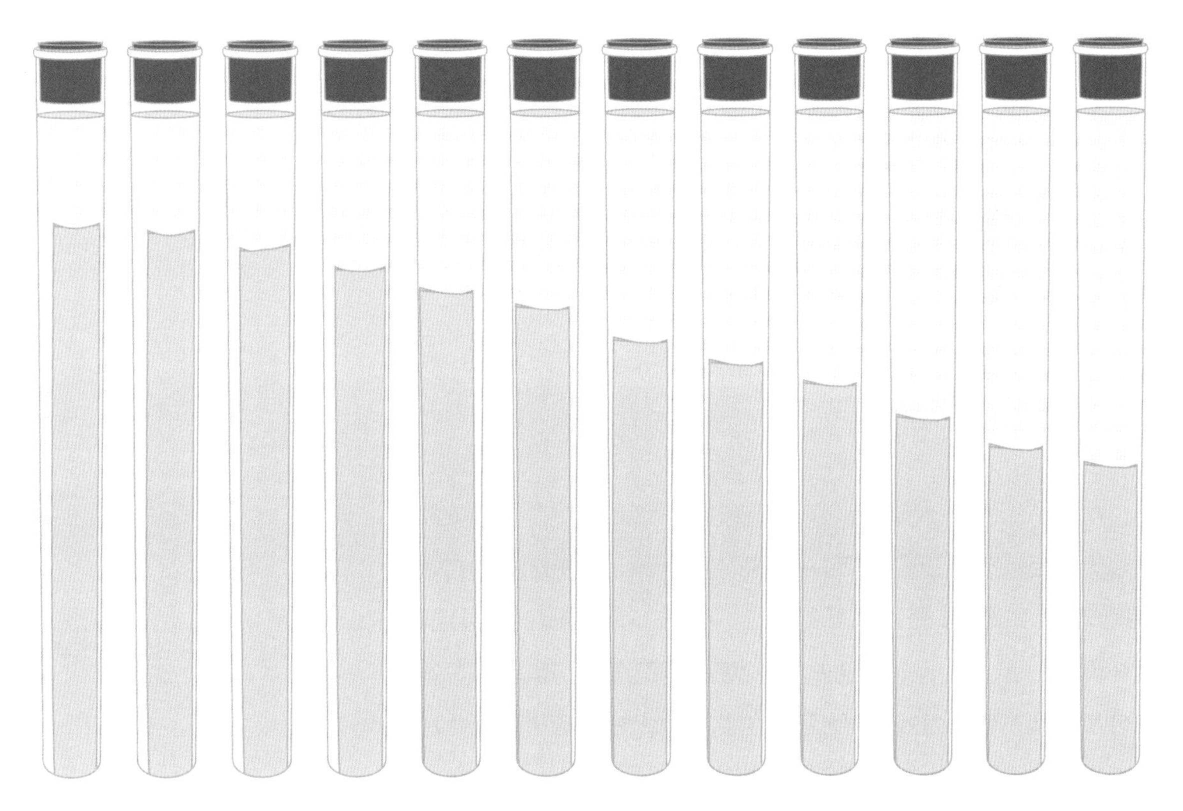

长沙马土堆汉墓出土的西汉十二律琯（示意图）

体感冷暖觉寒暑

中国人很早就发现，健康人的体温是恒定的。于是将正常体温作为标准温度，即现代的 37 摄氏度，以此推测体表温度是高还是低，即中医所谓“发热”与“发寒”。

中国最早的中医典籍《黄帝·内经》里已记载了测体温诊病的情况：“尺热曰病温，尺不热脉滑曰病风。”

所谓“尺热”“尺不热”，是指发烧与不发烧。“尺”为腕端脉穴之一，与“寸”“关”相连，统称“寸关尺”，是中医看病时必测摸部位。中医望、闻、问、切四法之“切”法，就是测脉相和体温，切在尺部。望、闻、问、切四法为古代名医扁鹊所创，据《史记·扁鹊传》记载，扁鹊为战国时名医。由此可见，如何测量体温并据此判断病症，先秦时期的中医已有一套系统的方法。

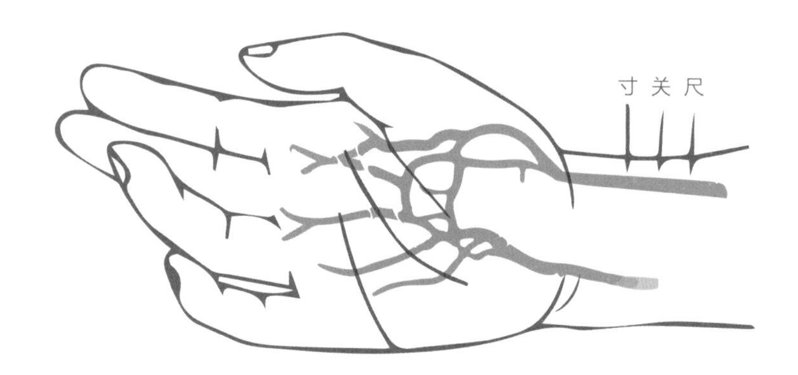

值得注意的是，现代医学测量体温时常用的“腋下温度”，最晚在南北朝时已普遍使用。古代人就充分地认识了这种特殊的“温度计”，并在制奶酪、豆豉、养蚕、茶叶的加工工艺中应用。

《齐民要术》卷八“作豉法”中有这样的说法，制作豆豉，要布置暖和、太阳晒不着的屋子，温度保持人体腋下温度为最佳，即“大率常欲令温如人腋下为佳”“以手刺堆中候，看如腋下暖”。在制作豆豉的过程中，每天还要进屋里去观察两次，用手插进豆子堆中，看是否需要翻动，“如人腋下暖，便翻之”。可见虽然四季温度不同，制作温度也会相应改变，但以人体恒温来测试食物制作所需温度反而不受环境温度影响。

另外还提及牧民制奶酪，使奶酪的温度“小暖于人体，为合时宜”，其中道理自然是一致的。据此可以得出这样的结论：最晚在南北朝时中国人已测腋温，知道腋下温度更稳定和准确。

宋代农学家陈旉在论及洗蚕种的水温时说：“调温水浴之，水不可冷，亦不可热，但如人体斯可矣。”元代农学家王祯在论及养蚕的最佳室温时指出，养蚕人“需著单衣，以为体测：自觉身寒，则蚕必寒，使添熟火；自觉身热，蚕亦必热，约量去火”。

养蚕

焙茶

宋代茶学专家蔡襄曾说过，茶叶“收藏之家，以蒻叶封裹，入焙中两三日，一次用火常如人体温，温则御湿润，若火多则茶焦不可食”。

精确测温时代

[℃]、[℉]、[°Rφ] 这是我们常见的温标，也是我们目前常用的温度标准。不过关于温度，当一切没有定论之前又是怎么样的呢？

罗氏温标转换公式		
	从罗氏温标换算至其他温度单位	从其他温度单位换算至罗氏温标
摄氏温标	[℃] = ([°Rφ]−7.5)×$^{40}/_{21}$	[°Rφ] = [℃]×$^{21}/_{40}$+7.5
华氏温标	[℉] = ([°Rφ]−7.5)×$^{24}/_{7}$+32	[°Rφ] = ([℉]−32)×$^{7}/_{24}$+7.5

1650 年，托斯卡纳大公费迪南多二世 · 德 · 美第奇对旧式测温仪进行了关键设计更改，实现了另一项突破。他被认为是第一个创造出不受气压影响的密封设计测温仪的人。1654 年，据说受伽利略的启发，他发明了密封玻璃温度计，即将装有有色酒精的管子的玻璃尖端密封起来。该温度计由一个垂直的玻璃管组成，里面装满了蒸馏酒，其中不同气压水平的玻璃气泡随着温度的变化而上升和下降。他非常热衷于测量热量，甚至在 1657 年创办了一家私立学院，研究人员在那里探索了他们温度计的各种形式和形状，包括带有螺旋圆柱的华丽外观设计。

整个欧洲一直没有公认的温度校准标准。人们试图找到参考点的方式非常随意；他们使用的标准范围很广，例如融化的黄油的熔点、动物的内部温度、巴黎天文台的地窖温度、各个城市一年中最热或最冷的一天，以及厨房火中燃烧的煤温。始终没有两个温度计记录相同的温度，因此人们无法取得共识。

冰点，成了第一个被公认的温度标准。丹麦天文学家奥莱·克里斯滕森·罗默宣布了一项将永远改变温度测量的创新。1701 年，他有一个想法来校准一个相对于更容易获得的东西的标度：水的冰点和沸点。与我们测量 1 小时内分钟的方式类似，可以将这些点之间的范围划分为 60 度。尽管这是他本可以做的，而且会很棒，但他并没有完全做到。尴尬的是，由于他最初使用冷冻盐水作为低端校准点，因此他测量的水的冰点出现在 7.5 度，而不是 0。今天被称为罗氏温标，它具有历史意义，但并未正式使用。

1689年

随着整个欧洲对测温仪的兴趣持续增长，一位年轻的商人发现这些仪器正成为越来越受欢迎的贸易商品。他还发现它们非常迷人。他的名字是丹尼尔·加布里埃尔·华伦海特，生于波兰。他的命运是因毒蘑菇而改变的。

1701年

当丹尼尔年仅12岁的时候，他的父亲和母亲死于食用毒蘑菇。因此，他和他的兄弟姐妹一起被新的监护人收留，开始了从商做学徒的生涯。年轻的丹尼尔对这个职业并不关心。他对科学和玻璃吹制更感兴趣，以研究、创造和设计温度计和气压计为使命。但在他对这些活动的不懈追求中，累积了他无法偿还的债务。华伦海特通过逃离他的出生国摆脱了他的命运。他需要等到24岁那年，才能获得遗产并能够偿还他的债务。他在德国、丹麦和瑞典游荡了12年，同时继续追求他热爱的科学。

在这一种温标中，原本零度设在盐水的冰点。水的沸点被定义为60度。后来罗默发觉纯水的冰点与盐水间的距离约为整条刻度的八分之一（约7.5度），于是他改为把较低的定点定在纯水的冰点，作为7.5度整。这样做并没有大幅改变这个温标，但是把参考物改成纯水，却把校正工作变得更容易。

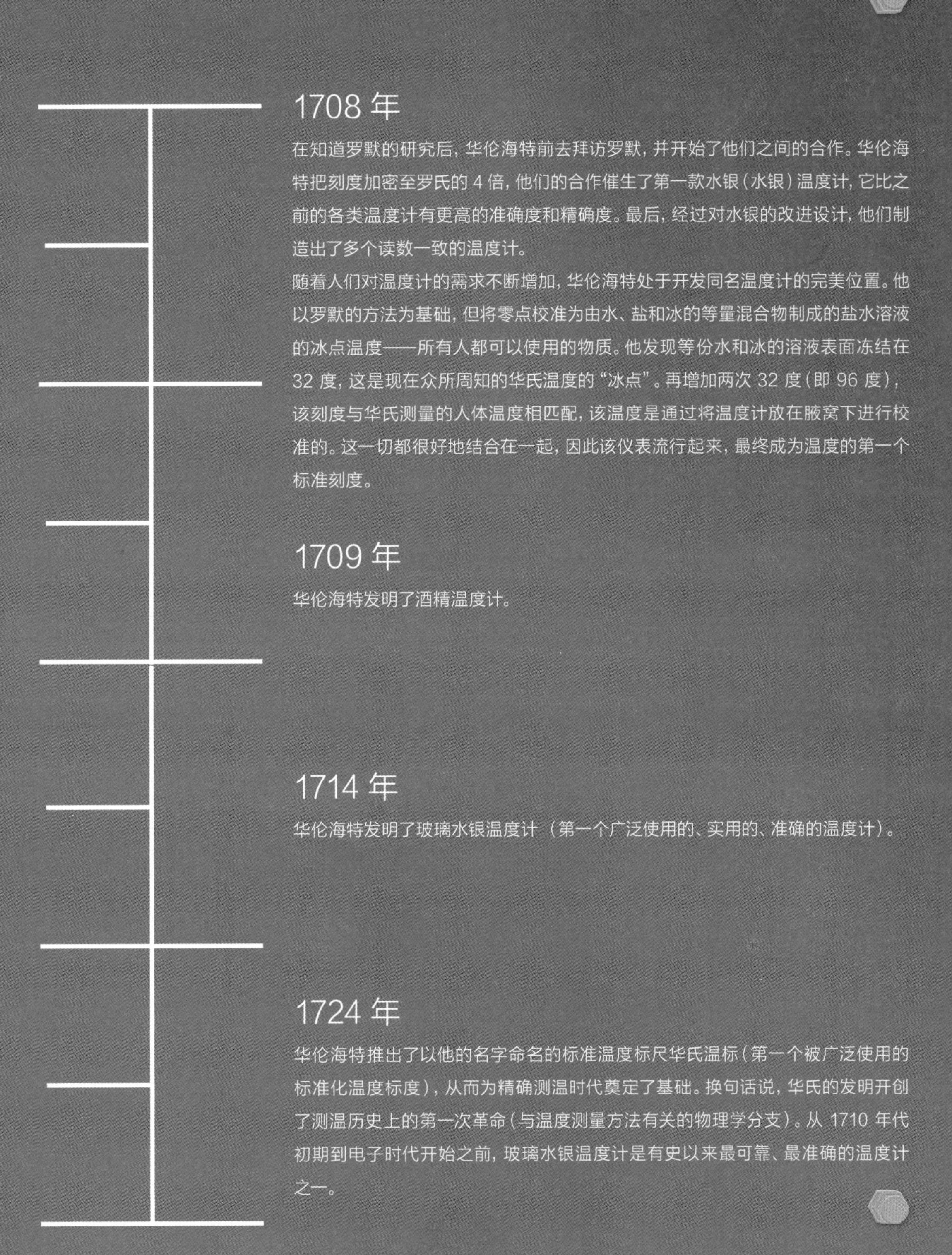

1708 年

在知道罗默的研究后，华伦海特前去拜访罗默，并开始了他们之间的合作。华伦海特把刻度加密至罗氏的 4 倍，他们的合作催生了第一款水银（水银）温度计，它比之前的各类温度计有更高的准确度和精确度。最后，经过对水银的改进设计，他们制造出了多个读数一致的温度计。

随着人们对温度计的需求不断增加，华伦海特处于开发同名温度计的完美位置。他以罗默的方法为基础，但将零点校准为由水、盐和冰的等量混合物制成的盐水溶液的冰点温度——所有人都可以使用的物质。他发现等份水和冰的溶液表面冻结在 32 度，这是现在众所周知的华氏温度的“冰点”。再增加两次 32 度（即 96 度），该刻度与华氏测量的人体温度相匹配，该温度是通过将温度计放在腋窝下进行校准的。这一切都很好地结合在一起，因此该仪表流行起来，最终成为温度的第一个标准刻度。

1709 年

华伦海特发明了酒精温度计。

1714 年

华伦海特发明了玻璃水银温度计（第一个广泛使用的、实用的、准确的温度计）。

1724 年

华伦海特推出了以他的名字命名的标准温度标尺华氏温标（第一个被广泛使用的标准化温度标度），从而为精确测温时代奠定了基础。换句话说，华氏的发明开创了测温历史上的第一次革命（与温度测量方法有关的物理学分支）。从 1710 年代初期到电子时代开始之前，玻璃水银温度计是有史以来最可靠、最准确的温度计之一。

在全球采用公制刻度后，华氏系统被瑞典天文学家安德斯·摄尔修斯于 1742 年发明的刻度所取代。安德斯 · 摄尔修斯是科学领域中使用及发表仔细的实验以求定义出国际温标的第一人。1742 年他在以瑞典语发表的论文《温度计上两个持续度数的观测》中提出了摄氏温标，他报告了检查水的冰点是否跟纬度（或大气压力）无关的实验。他确定了水的沸点跟大气压力的关系（跟现代数据非常吻合）。他还给出一条若气压跟某标准气压不同时量度沸点用的定律。原本他的温度计是以水的沸点为 0 度，而冰点则为 100 度。后来，这个温标于 1745 年由卡尔 · 林耐将其颠倒，以水的沸点为 100 度，而冰点为 0 度，并一直沿用至今。

0℃

32 ℉

100℃

212 ℉

温度体系	气压	温度划分
摄氏度	1 标准大气压下	水的结冰点为 0 度，沸点为 100 度，将温度进行等分刻画
危险病症	1 标准大气压下	水的结冰点为 32 度，沸点为 212 度，将温度进行等分刻画

二　识物候知冷暖

从农谚到节气

冬至暖　烤火到小满

千百年口口相传、代代相承的农谚是最朴实的观天之术。

一场秋雨一场寒 十场秋雨穿上棉

清明谷雨 冻死老鼠

立春一日 水暖三分

一朝赤膊 三日头缩

风静天热人又闷 有风有雨不用问

立冬暖 一冬暖

南风暖 北风寒 东风潮湿 西风干

冬至暖烤火到小满

过了寒食冷十天

瓦块云 晒死人

清明寒十 谷雨寒七

四月八 冻死鸭

大暑小暑不是暑 立秋处暑正当暑

一场春雨一场暖

冬暖春寒 冬冷春暖

小暑热得透 大暑凉溲溲

冷得早 暖得早

如果说这些在民间广为流传的天气谚语是农耕文明的产物，那么同样是上古农耕文明的产物“二十四节气”则是上古先民顺应农时，通过观察天体运行，认知一岁中时令、气候、物候等方面变化规律所形成的完整知识体系。每个节气都表示着气候、物候、时候，这“三候”的不同变化，也就是通常说的七十二候。在历史发展中二十四节气被列入农历，成为农历的一个重要部分，是宝贵的世界文化遗产。

二十四节气原是依据北斗七星斗柄旋转指向（斗转星移）制定，北斗七星循环旋转，这斗转星移与季节变换有着密切的关系。始于立春，终于大寒，循环往复。一年四季由“四立”开始，所谓“立”即开始的意思，立春、立夏、立秋、立冬。四季交替，“四立”轮换，反映了物候、气候等多方面变化，如春生、夏长、秋收、冬藏，以及日照、降雨、气温等的变化规律。

二十四节气中直接或间接反映温度变化的有小暑、大暑、小寒、大寒、白露、寒露和霜降七个节气，以及相对应的二十一物候。了解和认识这些节气和物候，能帮助人们提前系统而直观得知晓气温将带来的变化，应对天气对日常生活的影响。

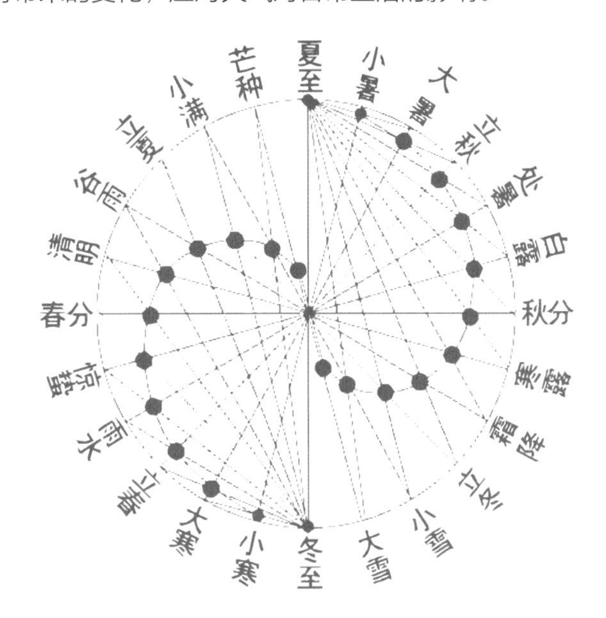

数九寒天

数九，是古代民间一种计算寒天的方法，即是从冬至逢壬日（干支历）算起，每九天算一“九”，依此类推。所谓“热在三伏，冷在三九”，一年中当最寒冷的时期便是“三九天”。数九一直数到“九九”共 81 天，便春深日暖、万物生机盎然，是春耕的时候了。

“数九”从哪天算起有不同的说法。民谚云：“夏至三庚入伏，冬至逢壬数九。”在民谚中是从冬至逢壬日起开始数九。南朝梁代宗懔在他的作品《荆楚岁时记》中写道：“俗用冬至日数及九九八十一日，为寒尽。”也就是说从冬至日起开始数九。

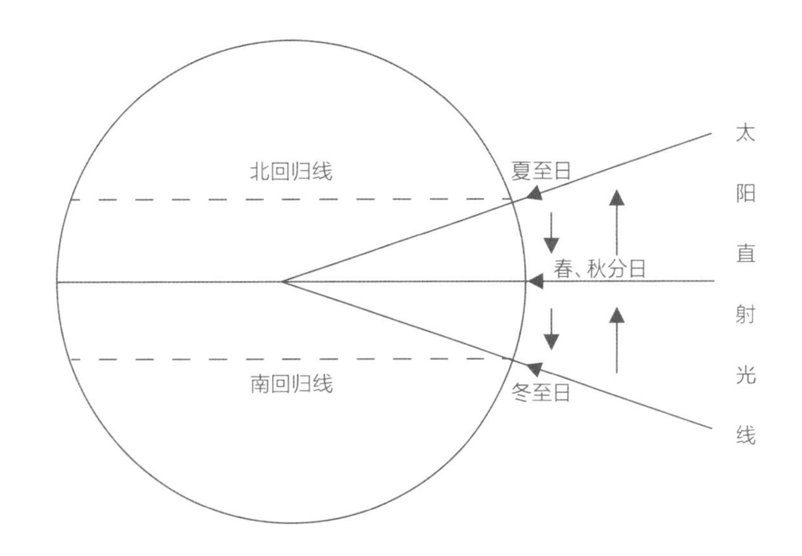

至于为什么数得是“九”？这与中国传统哲学中的阴阳的消长有关，阳长阴消就象征暖来寒去。在传统文化中，九为极数，乃最大、最多、最长久的概念。九个九即八十一更是“最大不过”之数。九，为“至阳”之数，也称老阳，九又是至大之数，“至阳之数”的积累意味着阴气的日益消减，累至九次已到了头，意味着寒去暖来，“春已深矣”了。

1 商　3 西周　7 汉

2 商　4 西周　5 战国　6《说文》小篆　8 汉　9 汉　楷书

冬至交节时间一般在每年公历 12 月 21—23 日，以冬至逢壬日为起点推算“九九”八十一天，即是在公历 3 月下旬（春分前后）便“九尽桃花开”“春深日暖”。数九，要点在“数”字，从冬至逢壬日起，各个“九”的时间每年是变化的，需“数”才找得出各个“九”所在时段。

数九的中国传统习俗很多，以“九九歌”最为广泛和悠久。这些歌谣巧妙地利用自然界的物候现象，生动反映了九九中的天气变化规律。就我国多数地区而言，从一九到二九，天气并非最冷，而只是“一九二九，伸不出手”。三九和四九大部分时间属于大寒节气，是一年中最寒冷的时候。五九以后，大地渐渐回暖。到了九九，已是“惊蛰或春分”节气，所以“九九闻雷，响声持久”。

冬九九：
一九二九不出手；
三九四九冰上走；
五九六九沿河望柳；
七九河开，
八九雁来；
九九又一九，
耕牛遍地走。

有数九寒天的冬九九，自然还有夏九九。“夏九九”是以夏至那一天为起点，每九天为一个九，每年九个九共八十一天。同样，三九、四九是全年最炎热的季节。“夏九九歌”早在唐宋时期就已经有了，历代都有记载。南宋陆泳的《吴下田家志》中就记载了“夏至九九歌”。有人发现，该支歌谣用松烟墨写在湖北省老河口市一座禹王庙正殿的榆木大梁上，至今墨迹犹新。

夏九九：
夏至入头九，
羽扇握在手；
二九一十八，
脱冠着罗纱；
三九二十七，
出门汗欲滴；
四九三十六，
卷席露天宿；
五九四十五，
炎秋似老虎；
六九五十四，
乘凉进庙祠；
七九六十三，
床头摸被单；
八九七十二，
子夜寻棉被；
九九八十一，
开柜拿棉衣。

无论是系统的二十四节气、生动的数九歌，还是口口相传的农谚，都是千百年来人们对自然的认识和探究，对冷暖的真切感受。这是中国古人留给世界文化的宝贵遗产。

三　顺四时而适寒暑

保暖驱寒　降温消暑

火塘暖　凉屋冷

“天南地北双飞客，老翅几回寒暑。”林之光先生在他的《气象万千》中阐述了：“母亲气候”诞生“寒暑文化”。

无论地域气候特点和文化表述，从形成到外因看，都可以看到中国气（寒暑）对中国传统文化的巨大影响。有四季变化的中纬度大陆地区，有冬季频频南下的西伯利亚强冷空气，有夏季的大陆性气候高温的，中国是世界上“一寒一热表示一年”最典型、最鲜明的区域。气温变化影响着人们每天的生活，但是人们可以做很多事情来增强对正在发生的气温变化的适应能力，或保暖驱寒，或降温消暑。

严寒来临，无人不向往一室温暖。早在旧石器时代，人类就已经会使用和控制火了。在这一时期的居住遗址内，还发现过用火的烧土面和灶坑，可以推断，那时候的人们主要是通过烧火取暖。在半坡遗址发掘的房屋中，有一种半地穴式房屋，一半被建设在地下，就是为了防风保暖。屋内地面中间挖个坑，周边用泥土夯实，用来烧火取暖，称为“火塘”。

到秦朝时期，在贵族家里以及皇宫内出现了“壁炉”和“火墙”等用以取暖。考古学家在咸阳宫遗址的洗浴池旁边发现有三座壁炉，其中两座供浴室使用，第三层即接近最大的一室，应该是秦皇专用的。壁炉里主要是用烧炭来御寒，并且将出烟孔放在室外，避免炭烟中毒。另外在秦兴乐宫遗址中还发现了火墙的做法，这种最早用于宫廷的特殊墙体，是利用炉灶的烟气，通过立砖砌成的空心短墙来进行采暖的。火墙对室内的供热效果较好，但对墙体构造的要求也更高。因此室内空间不合理，或者室外维护结构的保温做得不够，以及火墙材料选取不合适都会对火墙的使用效果产生影响。

火（炕）道还直通皇上的御床和太后、妃子就寝的炕床下面，形成使整个宫殿温暖如春的暖炕与暖阁。在暖阁中，有一种类似于地暖的构造，说起来这个构造和北方农村的火炕十分相似。都是在火炕下修筑一条火道，通过加热，让热度伴随着浓烟在火道中循环，从而使得地面温度上升，进一步让整个屋内变得温暖起来。它的作用像极了现代的地暖。

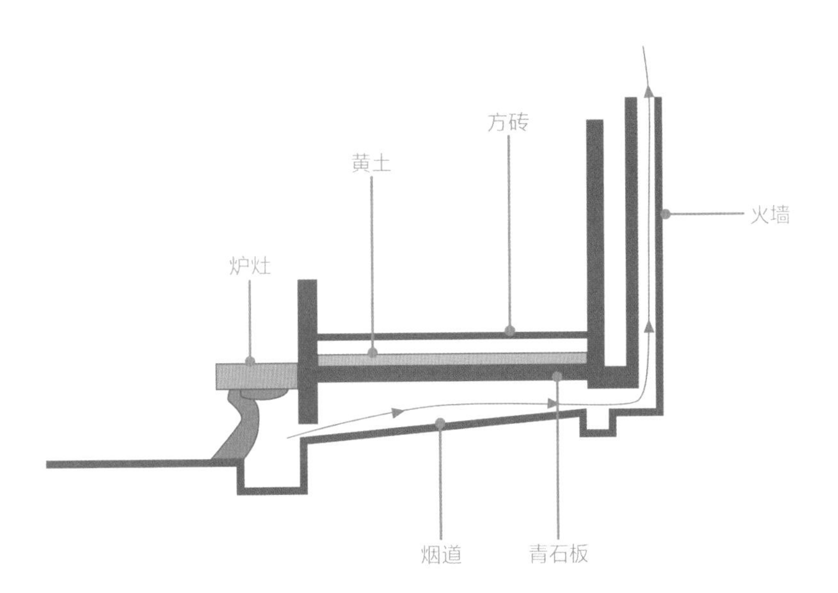

除了火墙的运用外，古代帝王还发明出了一种独特的取暖方法：用花椒涂墙。

汉代的皇宫设有温室殿，用花椒捣成的泥涂在四周墙壁保温，再挂上锦绣壁毯、羽毛幔帐，铺上豪华西域毛毯，这就是“椒房殿”。当然，这些取暖方式也只有贵族和皇帝才能享受得起。

花椒

捣碎和泥

制成墙壁保温层

对于普通百姓来说，只能在家里布置一些简易的火炕。开始，人们垒土为洞，支撑天然石板，在里面点火后也可以防止火光窜出来酿成火灾，后来人们将其与做饭的锅灶相连通。火炕，是北方民间一种常见的取暖设备，集做饭和取暖于一身，非常有效利用了资源，避免了浪费。对于独立住房的供暖，这是一个很好的解决方案。

炎热是一种比严寒更加可怕的天气，尤其在室外。古人消暑的办法迭出。比较常见的一种，就是下水（河）洗澡。这种方法在普通炎热的天气中非常可取，但一旦遇到极端天气，连（河）水都被晒得滚烫时，降温的效果就没那么直接了。

从“凉屋”到“自雨亭”到“含凉殿”，人们努力通过营造居住环境来对抗气温变化带来的不适。

“凉屋”就是其中的一种，它通常建在活水边上，用水车把活水抽到屋顶，顺着屋檐流下来，周而往复，流水就会带走整个屋子的热量。这种水车叫做“扇车”，在抽动活水的同时，还能驱动屋里的风扇轮子转动，送出凉风。这种机械装置巧夺天工，堪称中国最古老的空调。“凉屋”则起到空调房的作用。如果它刚好被修建在山脚下、流水边，可以直接利用山泉、瀑布、河流的重力势能，那么连出苦力的仆人都省了，直接使用水流做功，既能降温，又能送风，还能成为一道水帘瀑布般的风景。

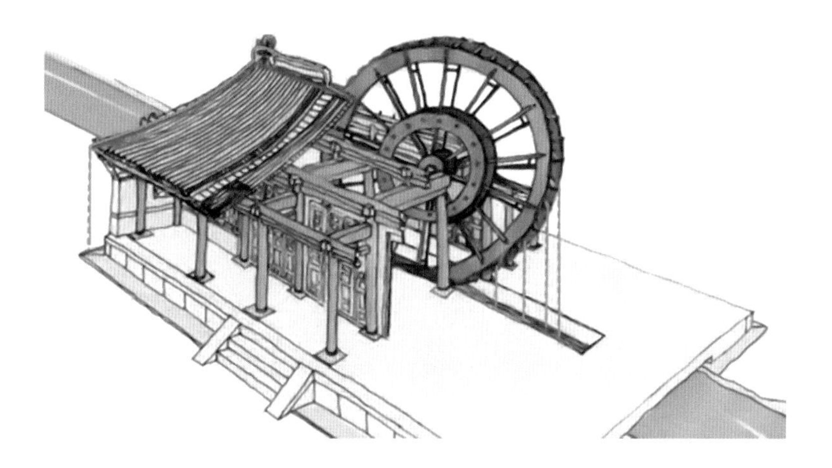

“自雨亭”的规模比“凉屋”小些，但纳凉原理是相同的。唐朝文学家刘禹锡《刘驸马水亭避暑》一诗描述了水亭特色：“千竿竹翠数莲红，水阁虚凉玉簟空。琥珀盏红疑漏酒，水晶帘莹更通风。”这种水亭，利用机械将冷水输送到亭顶的水罐中贮存，然后让水从房檐四周流下，形成雨帘，从而起到避暑降温的效果。虽然这个自雨亭，没有利用河流、山泉、瀑布，而是用的自家的冷水储备，还得在屋顶装个水箱，才能制造出类似的效果，但确实能够借助使用这样的机械力有效降温。

在唐玄宗时期，还发明出了大规模的“中央空调”房，就是著名的“含凉殿”。大明宫“含凉殿”是一项大规模避暑建筑体系。在结构设计上，尽可能地阻隔了阳光直射入室，从而保持了室内的阴凉。而机械化装置是“含凉殿”媲美中央空调的关键，与现在电力广泛的运用不同，它的制冷设备是由水力驱动的。“含凉殿”建筑内外都设置了许多水车，流水激起扇叶转动，冰凉的水汽和冷风就被送入殿内，而且还把水引到天花板上再洒下来，其清凉自不必言。它的原理和凉屋、自雨亭类似，但规模更大，效果更好。《唐语林 · 豪爽》记载“阴溜沈吟，仰不见日，四隅积水成帘飞洒，座内含冻。”宋代就更发达了，他们的凉殿，不但以风轮送冷水凉气，还在蓄水池上和大厅四周摆设了各种花卉，从而使冷风带香，芬芳满室。

帝王家有“含凉殿”，百姓家有“空调井”。这种“空调井”在安徽的西递古镇至今仍可见到。在室内的地下，挖出一个深坑，然后盖上一块有孔的石头板。人往这块中间有通气孔的方石板上一站，你就能感受到一股股沁凉的空气冒出来。其实在石板之下，是个一两米见方的空间，有效利用了常年恒低温的地气与屋内热空气形成温差对流，从而在一定程度上使房间内保持凉爽。

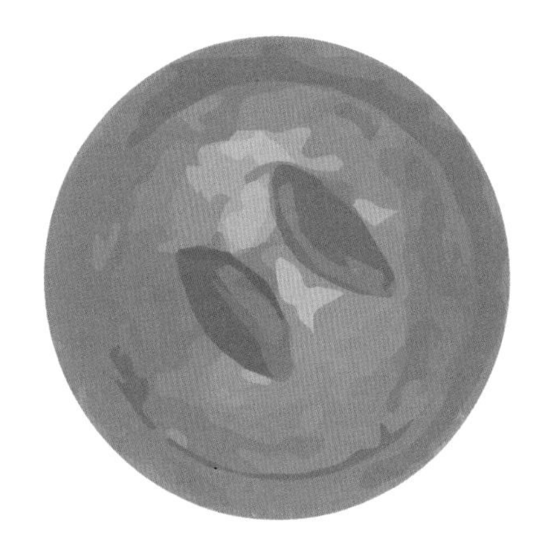

人们善用地理、地质环境，在冬天利用地下温泉御寒，夏日寻求山上、水边的荫凉避暑。

顺四时而适寒暑

寒冷和炎热能够以无数种方式损害人体，同时还会与原有疾病和慢性疾病相互作用，并使身体正常温度的变化超出了人体的健康可以承受的范围。一旦到达极端高温或是极端寒冷的温度，对人体的伤害更是无法估量。

	极端高温	极端寒冷
常见症状	大汗淋漓	发抖直至减少或停止颤抖
	疲惫或疲劳	心率加快、到经历快速心率和呼吸太慢之间的快速交替直至心脏和呼吸频率下降
	呕吐、恶心	协调性略有下降直至肌肉僵硬
	站起来时昏厥或头晕	小便的冲动增加
	微弱而快或是强而快的脉搏	寒冷引发荨麻疹症状
	皮肤发红，摸起来很热	昏迷不醒、感到困倦、不能走路
	内部体温超过 39 摄氏度	浅呼吸、到最小呼吸
	失去意识	无法移动或对刺激作出反应
	——	低血压直至血压变得极低甚至消失
		可能昏迷
危险病症	热痉挛和疲惫	雷诺现象
	导致中暑	导致冻伤

顺应四季变化，不仅限于改变和调整生活区域的温度，增强人们对身体本身的保养和对寒暑的防护，也能帮助人们更好地适应寒暑。

古人改善温度的日常用品，大大小小层出不穷。

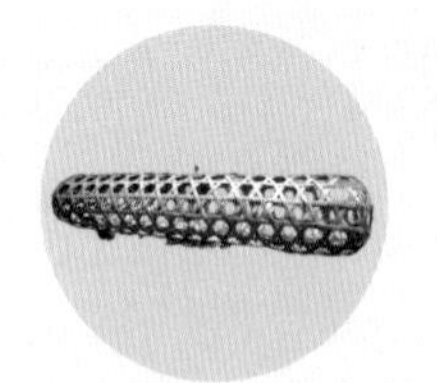

竹夫人

谜面："有眼无珠腹内空，荷花出水喜相逢。梧桐叶落分离别，恩爱夫妻不到冬。"打一物品。谜底就是"竹夫人"。竹夫人是古人发明的一种取凉用品，用竹子制成，长度在一米左右，中间镂空，四周有竹编网眼，抱着竹夫人睡。

冰床

古人很早就在夏季用冰通过冰来降温消暑。《左传》载："申叔豫夏日以冰为床，穿皮衣躺在冰室的冰床之上。"

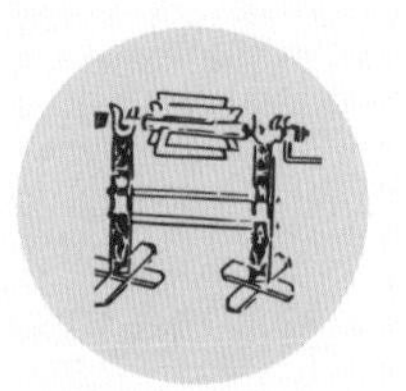

七轮扇

《西京杂记》记载："长安巧工丁缓者……又作七轮扇，连七轮，大皆径丈，相连续，一人运之，满堂寒颤。"长安城内一个叫丁缓的人，发明了七轮扇，每个轮片一丈长，一个人运作，满屋里都是凉风。

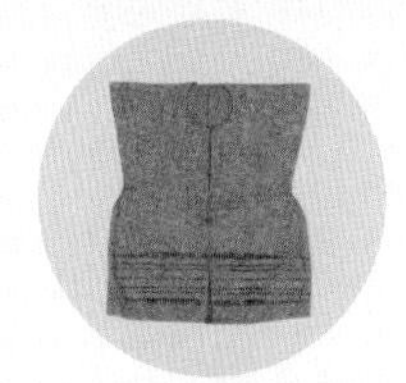

竹衣

竹衣是用细竹管，穿结而成，能够起到透气和清凉作用，还能够隔绝汗水透出，防止穿在最外层的珍贵丝织绸缎袍服，因浸汗而褪色和变形。元代出现了最早的竹衣"并刀剪龙须为寸，玉丝穿龟背成文，襟袖清凉不沾尘。汗香晴带雨，肩瘦冷搜云，是玲珑剔透人。浃背全无暑汗，曲肱时印新瘢，衬荷花落魄壮怀宽。挹风香双袖细，披野色一襟团，满身儿窥豹管。"

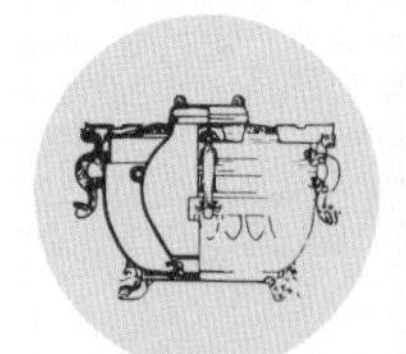

冰鉴

先秦时，各诸侯国君开始储冰，同时出现盛放冰块的器物冰鉴。冰鉴夹层放冰块，内层让它空着，然后把盖儿打开，丝丝冷气从冰鉴里冒出来。把冰鉴放在卧室的中央，或者在房间四个角各放一个体量较小的冰鉴，室温会很快降下来，堪称最原始的冰箱和冷气机。

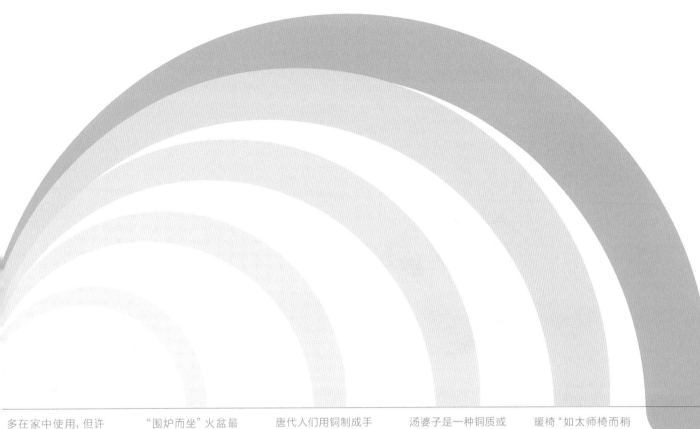

多在家中使用，但许多小康家庭的孩子，如果去学塾读书，也会备好脚炉和燃料，以保持身体温暖。

脚炉

“围炉而坐”火盆最早是用泥制成的，在盆里烧炭火，达到取暖的目的，泥火盆的最大特点是传热慢但保暖性能非常好。

火盆 / 火熜

唐代人们用铜制成手炉，呈椭圆形，宫廷和民间普遍使用的一种便携的取暖工具，内胆为铜制，以备燃炭，里边放火或尚有余热的灶灰，炉外加罩，可以放在袖子里面暖手。架于外壳口沿之内。口沿上设镂空盖，以通风换气。通过内外两层的空气传导，使手炉暖而不烫。多数手炉都有活动提梁。

手炉

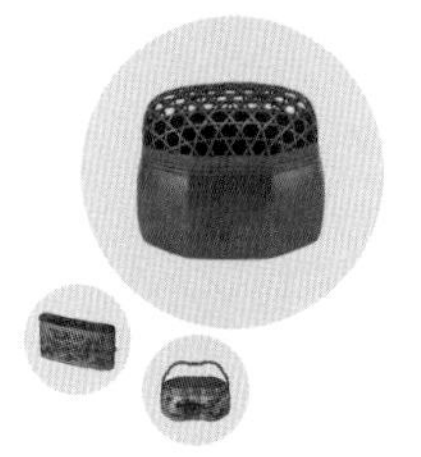

汤婆子是一种铜质或磁质的扁扁的圆壶，上方开有一个带螺帽的口子，热水就从这个口子灌进去，一般为南瓜形状，小口，盖子内有厣子，防止渗漏。灌足水的“汤婆子”，旋紧螺帽，再塞到一个相似大小的布袋中放在被窝里，这样晚上睡觉便十分暖和。宋时已有。“汤”，古代汉语中指滚水；“婆子”则是指其陪伴人睡眠的功用。

汤婆子

暖椅“如太师椅而稍宽。彼止取容臀，而此则周身全纳故也。如睡翁椅而稍直。彼止利不睡，而此则坐卧成宜，坐多而卧少也。”由此可见，暖椅还是一种可坐可卧的躺椅。人们在椅子下面设计了一个抽屉，在抽屉里放炭炉。

暖椅

那么多用的，自然也少不了吃的。天生畏寒的怕热的，寻常防寒祛暑的。好的身体状态是抵御严寒和酷暑的根本。

冬天，没有比一顿火锅更让人温暖的吃食了。而这些食材，也是抵抗寒冷的能量源。当归、板栗、羊肉、萝卜、红枣和核桃都是很好的选择。

到了夏天，有很多食物可以帮助我们驱除炎热。苦瓜、绿豆、莲子和莲藕、西瓜等都是驱除暑热的食物。

强健身体大概是抵御气温变化的最好良方了。于是在还没有空调的日子里，游泳、滑冰这样极具气候特色的运动广受推崇。

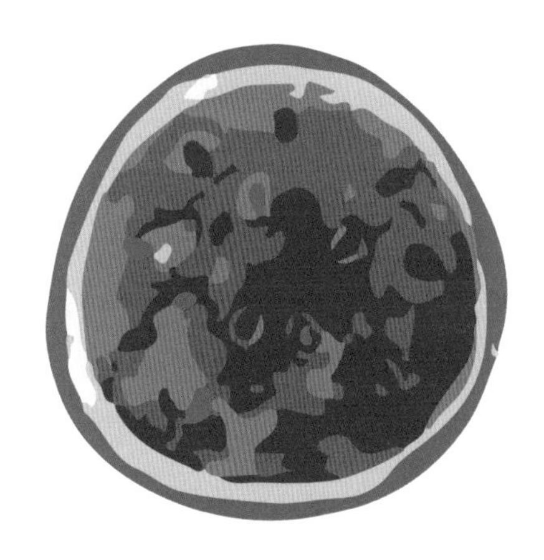

空调之父哈维兰·开利

当开利发明了第一台除湿装置的时候，意味着他带领人们进入了一个控制室内环境的时代。但这仅仅是个开始，湿度和温度始终是一对关联的气候元素，这让他在控制室内环境的研究上不断进取。到 1922 年，开利发明了第一台更安全、更小、更强大的离心式制冷压缩机，这是真正现代空调的先驱。在接下来的 10 年中，离心式冷水机将现代空调的应用范围从纺织厂、糖果厂和制药实验室扩展到确保剧院、商店、办公室和家庭中人类舒适度的革命性工作。

1922 年，开利工程公司为洛杉矶大都会剧院的剧院安装了第一个精心设计的冷却系统，该系统通过更高的通风口泵送冷空气，以更好地控制整个建筑物的湿度和舒适度。开利发明的空调第一次被用于人类自身降温。

在这些创新的推动下，现代空调不断发展以跟上科技和工业不断进步的脚步。1923 年 5 月，开利与三个大型风扇制造商合作成立了 Aerofin 公司。Aerofin 公司为笨重的铸铁换热器提供了一种轻质、黄铜和铜的替代品。开利于 1924 年进入了辉煌的 20 年，其中包括一系列历史性的第一。底特律最大的百货公司 JL Hudson 公司安装了三台 195 吨离心式冷水机。西雅图、波士顿、辛辛那提、达拉斯和纽约市的其他成熟零售商也紧随其后。

第二次世界大战之后，各地的经济快速发展，越来越多人有能力购买空调，最终，空调也进入了千家万户，而开利也被人称为“空调之父”，毕竟是他带领人类进入了“空调时代”。

四 解构

气象史上的温度计

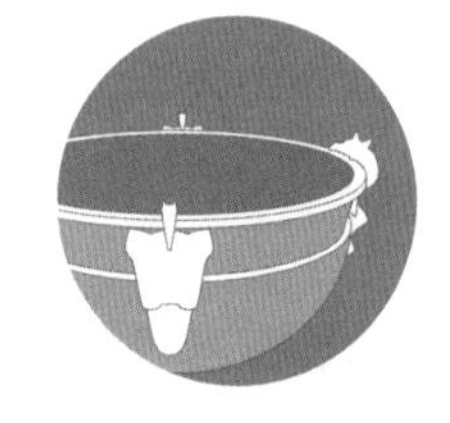

冰瓶（测冷仪）

冰瓶是作为测量低温的一种简单工具，瓶子中装上水，如果水结冰了，气温即低于零下，进入寒冬了；如果冰融化，则气温回升。利用水在不同温度下的“水—冰—水”的形态变化，以零度为基准，来推测温度下降和升高的技术。

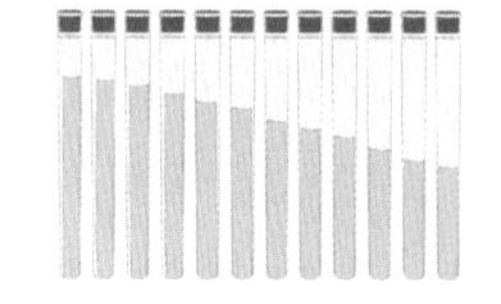

十二律琯

常用材质：有竹律、铜律与玉律

让土质地面整理平整，然后把律琯埋到土里，使它们顶部对齐，入地部分则有深有浅，长短不一。古代认为，冬至阳气距地面九寸就停止。因此黄钟一琯到达九寸，黄钟一处律琯飞灰。古代认为，正月阳气距地面 8 寸就停止，从太蔟以上律琯都达到 8 寸，但黄钟大吕两处因超出为虚，所以只有太蔟一处律琯飞灰。像人用针毕直穿透它管道，气随针就出来了。

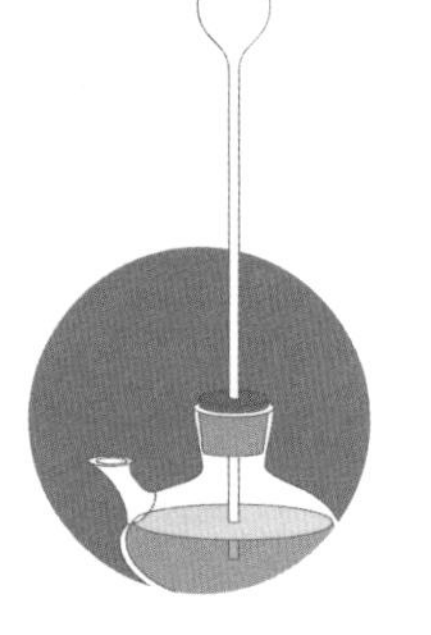

伽利略
第一台测温仪

伽利略经常被称为温度计的发明者。然而，他发明的仪器不能被严格称为温度计。要成为温度计，仪器必须测量温差。伽利略的仪器没有这样做，而只是指示温差。因此，他的温度计应该被正确地称为测温仪。

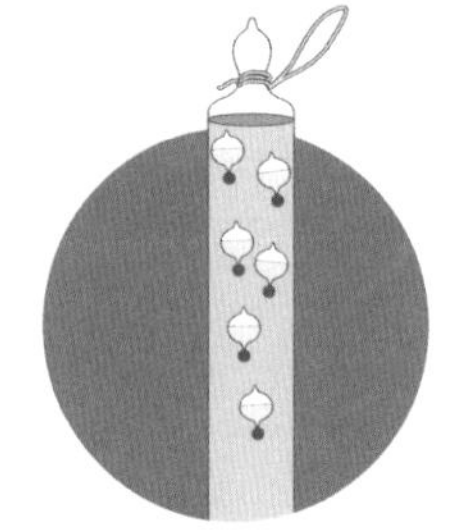

第一个密封的玻璃液体温度计
酒精温度计

在伽利略温度计研究的启发下，1654 年由托斯卡纳大公费迪南德二世（1610 年—1670 年）首次生产了密封玻璃液体温度计。温度计里装满了酒精，是一种由玻璃圆筒、透明液体及不同密度的重物（挂着刻有数字的金属牌）所构成的，读取周遭温度时，找悬浮在顶部最底端的重物。尽管这是一个重大发展，但他的温度计不准确，并且没有使用标准化的量表。

中国古代温度计
公元前 2 世纪
早于公元 306 年

欧洲早期温度计
1596 年
1654 年

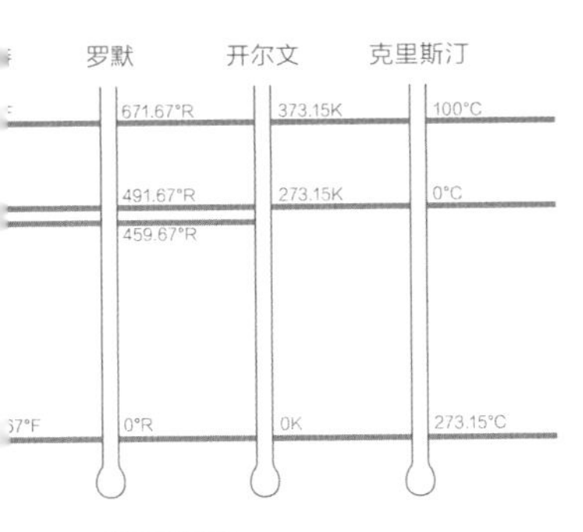

罗默温度

·克里斯滕森·罗默是丹麦学家，他发明了现代温度这是第一款可以高精度反准的温度计，显示两个固定间的温度，即水沸腾和结冰。

意识到液体上方的气压会体的高度产生影响时，他将管密封在顶部。然后他将温的灯泡浸入冰水中，并在液部的玻璃管上做个标记。，他将灯泡浸入沸水中，并子上做了另一个标记。然后成7等分，在水的冰点以下1等分，一共由8等份组底部写了数字0，在顶部写0。在这两个标记之间，他做个线性度数分布。

1701年

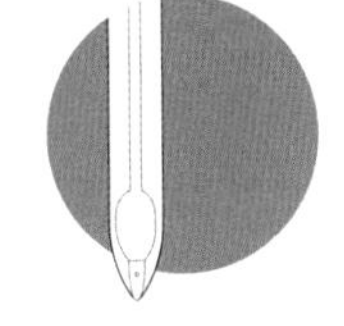

第一个水银温度计标准温度计刻度

丹尼尔·加布里埃尔·华伦海特是第一个使用水银制作温度计的人。

技术：使用汞膨胀与改进的玻璃加工技术相结合，产生了更准确的温度计。

温标：设计了第一个标准温标。华氏度：冰的熔点为32°F，水的沸点为212°F，中间有180等分，每等分为华氏1度，记作“1°F”。华氏温标至今仍在使用。

1714年

摄氏刻度

1742年，瑞典科学家安德斯·摄氏（1701年—1744年）设计了一个温度计刻度，将水的冰点和沸点分为100度。摄氏度选择水的沸点为0度，冰点为100度。一年后，法国人让·皮埃尔·克里斯汀（Jean Pierre Cristin，1683年—1755年）将摄氏温标倒转，制成了今天使用的摄氏温标（冰点0°C，沸点100°C）。根据1948年的国际协议，克里斯汀的适应标度被称为摄氏温度，至今仍在使用。

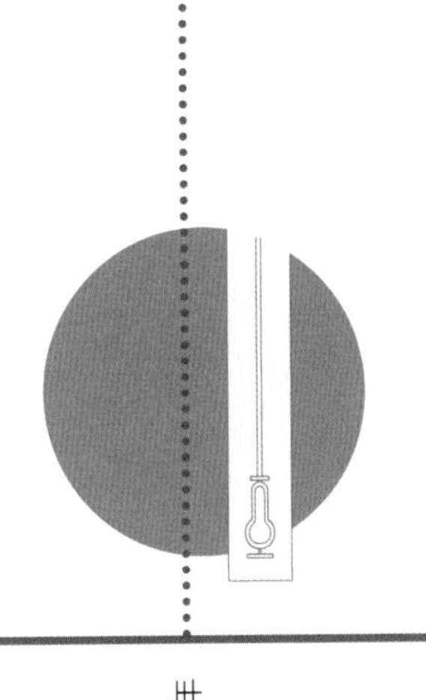

1742年

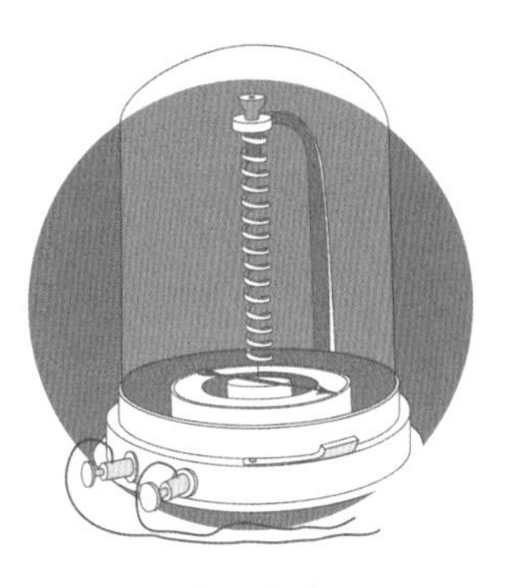

螺旋温度计

这是一种利用热膨胀的温度计，它利用金属在加热下的膨胀来产生比水银温度计和空气温度计更灵敏、范围更大的测量值。

1852年

原则上，任何合适的热力学方程都可以作为温度计的基础，例如声学温度计、热噪声温度计、气体温度计、辐射温度计等。随着科技进步，无论室内、户外，无论专业机构还是家庭个人都有相对应的气温测量仪器供各类需求的来进行选择，气温表越来越智能、越来越细分。

现代温度表

经历寒暑，感知冷暖，

在失控的温度里，

我们在千年极寒和无敌酷暑面前，

和解、自省、突破！

陆

仰视俯察天人际

古代气象观测站

三光宣精，五行布序。

习习祥风，祁祁甘雨。

东汉　班固

一　万千气象聚灵台

耀芒动角射三台

观象授时测风雨

“观象授时”这一术语是清代学者毕沅首先提出来的，高度概括了先民在上古时期依据天象制历的事实。观象即观测天象，研究天体运行，这就是天道认知；授时即确定耕作、养殖与收获的时节，规划时间之用，这就是地德的实践规则。

尚书·虞书·尧典

现存最早而又比较完整记录观象授时的典籍

“乃命羲和，钦若昊天，历象日月星辰，敬授民时。”

意思是说：尧帝邀请羲氏和氏家族中之贤能者，崇敬天道，观测日月星辰的运行，掌握其规律，以审知时间而建立历法，传授给民众，便于农事。

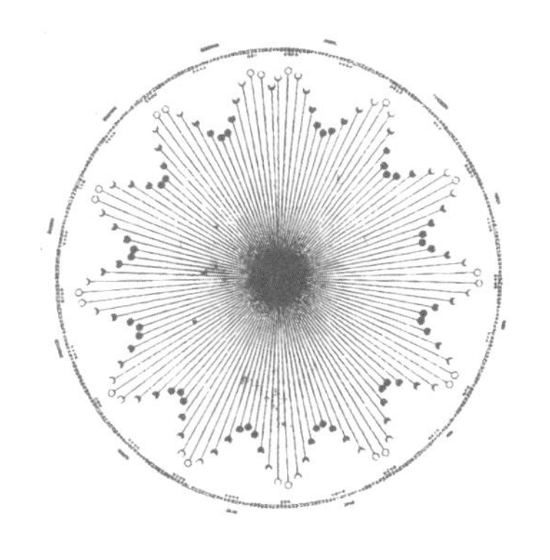

在长期的生活和生产实践中，古人凭太阳的东升西落、月亮的阴晴圆缺、寒来暑往和草木禾稼的荣枯，确定了年、月、日以及春夏秋冬等时间概念。年、月、日、时的这种从不间断、周而复始的物质运动形式，就是日月星辰出没所形成的天文现象。观测并掌握日月星辰的位置变化（即运行）规律，就能知风云变幻、寒暑交替，为农业生产提供气象预测服务。

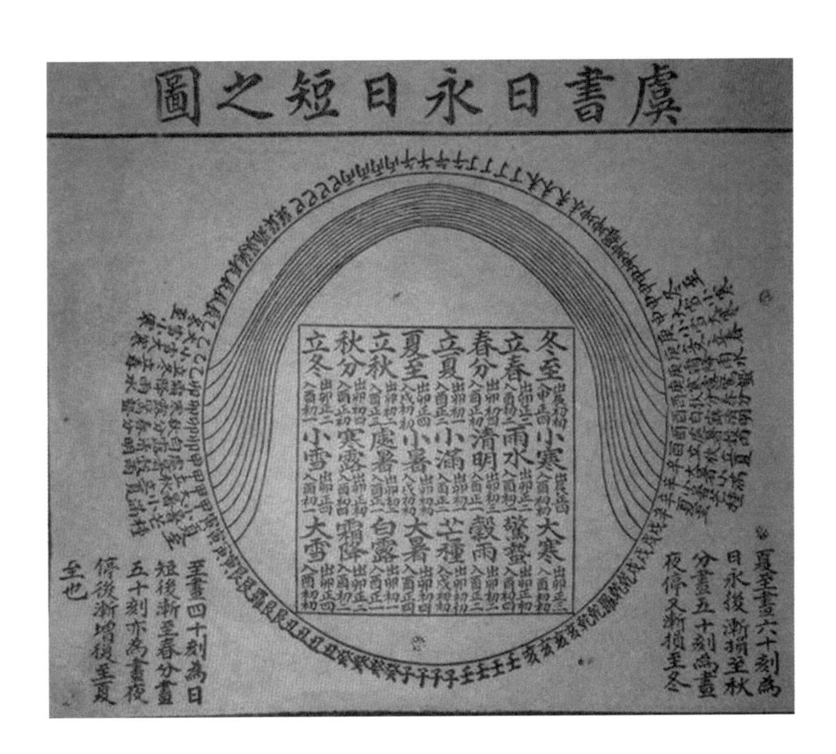

今天我们所说的气象观测，是研究测量和观察地球大气的物理和化学特性以及大气现象的方法和手段的一门学科，研究内容主要有大气气体成分浓度、气溶胶、温度、湿度、压力、风、大气湍流、蒸发、云、降水、辐射、大气能见度、大气电场、大气电导率以及雷电、虹、晕等。从学科上分，气象观测属于大气科学的一个分支。它包括地面气象观测、高空气象观测、大气遥感探测和气象卫星探测等，有时统称为大气探测。由各种手段组成的气象观测系统，能观测从地面到高层，从局地到全球的大气状态及其变化。气象观测服务领域广泛，可以为整个人类生活提供天气预测。

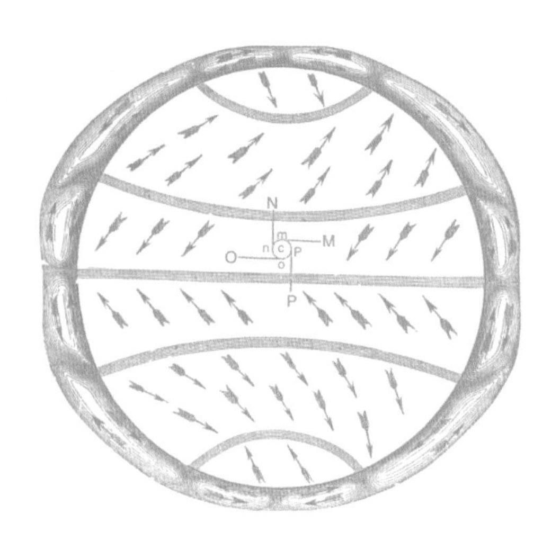

万千气象聚灵台

神的精明叫做灵，四面方正高大的建筑叫做台。灵台，就是用来观测天象的高台建筑。天象在上，登高始能望远，所以要筑高台。相传这种高台，夏，称清台；商，称神台；周，始称灵台。《晋书·天文志上》："明堂西三星曰灵台；观台也，主观云物、察福瑞、候灾变也。"

《孟子·梁惠王上》指建造灵台"观祲象，察氛祥"即观测天文现象，预示祸福吉凶，窥天文之秘奥，究人事之终始。

灵台是我国最早的国家天文、气象观测机构的统称，又称为司天台。

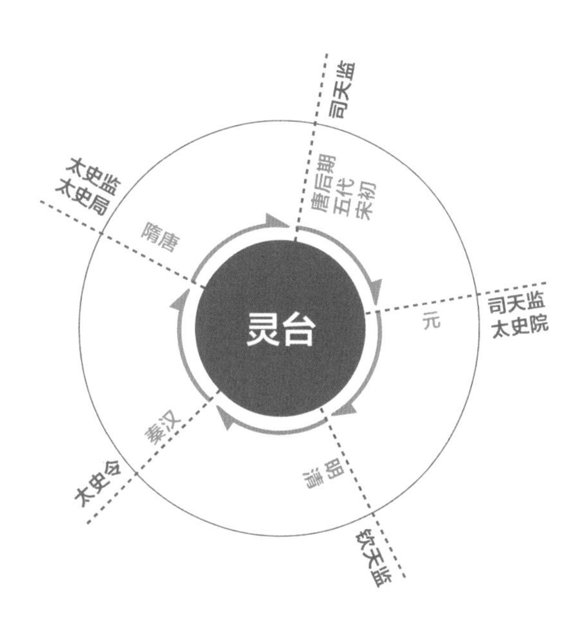

公元前 1050 年前后，西周初年周文王在丰京（今西安）附近的灵囿（中国最早的皇家园林）内修筑灵台，用于祭祀、观天象及游乐。《诗 · 大雅 · 灵台》诗曰："经始灵台，经之营之，庶民攻之，不日成之。"记载了人民拥戴文王，踊跃参与灵台营造，灵台即将落成的情景。《三辅黄图》卷五，引郑玄注云"天子有灵台者，所以观祲象、察氛祥也"，指出西周灵台的天文观测功能，这一处遗址被认为是现存最古老的天文遗址之一。

至唐宋时，这处西周建筑已湮没无闻，唐朝李泰《括地志》记载，"辟雍灵沼今无复处，惟灵台孤立，高二丈，周围一百二十步也"。至此，除了埋藏在地下的墓葬及房屋基址外，西周遗存仅存灵台残迹，其余的地表建筑景观完全毁灭。

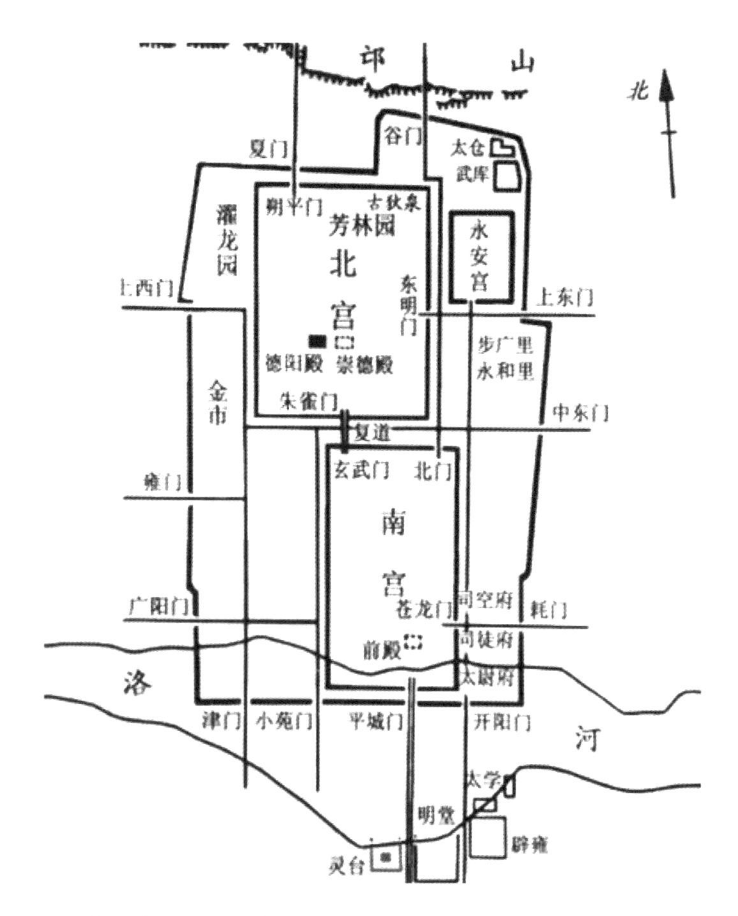

东汉洛阳城遗址平面修复图

东汉洛阳灵台是中国古代用来观察天象的高台建筑，由汉光武帝所立。作为当时最大的国家天文观测台，用于占星云，卜吉凶，也是登之以观云物，察祥瑞灾异，正律历的所在。东汉洛阳灵台现仅存一座巨大的夯土台，紧傍洛河大堤，巍然矗立于伊滨区佃庄镇大郊寨村与朱家岗村之间，在东汉洛阳城城南。

灵台整个遗址南北长 220 米，东西宽 232 米，总面积约 51 000 平方米。

灵台四周原建有方形围墙，东西有夯筑的墙垣，墙垣内的中心建筑即为中央残存夯土高台。它在地面之下的台基长宽各约 50 米，地面上现存之夯土台，东西残宽约 31 米，南北残长约 41 米，残高约 8 米。

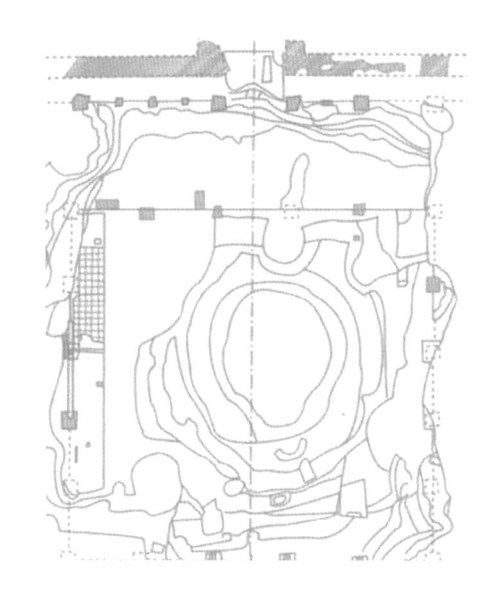

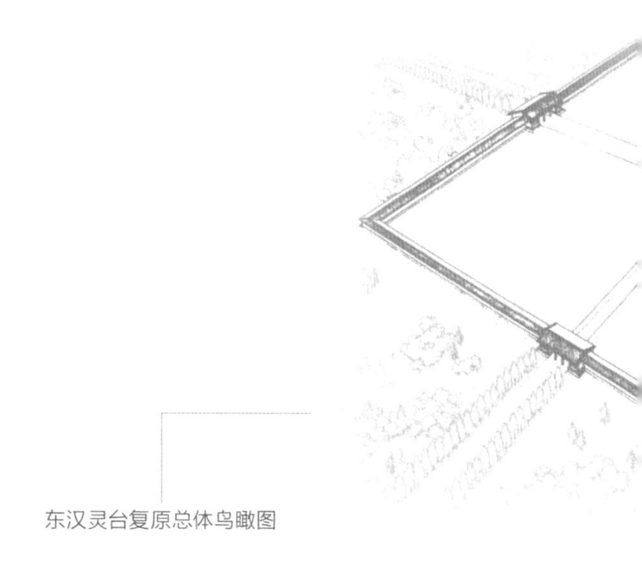

东汉灵台复原总体鸟瞰图

洛阳东汉灵台创建于光武帝中元元年（56 年），共有 43 人供职，是规模庞大、人员众多、分工明确的天文观测台，在当时世界上极为罕见。

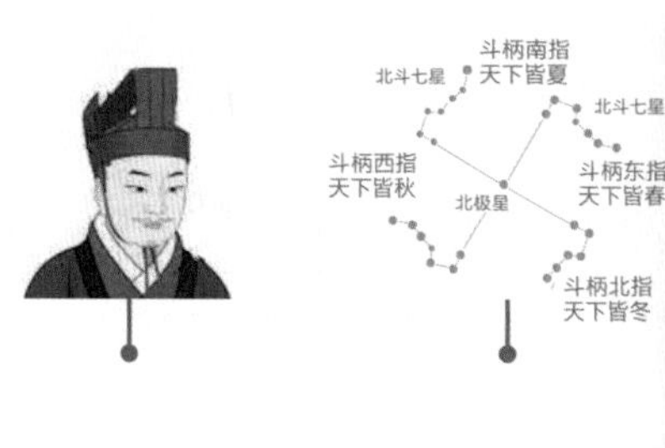

太史丞（灵台丞）- 总管

候星

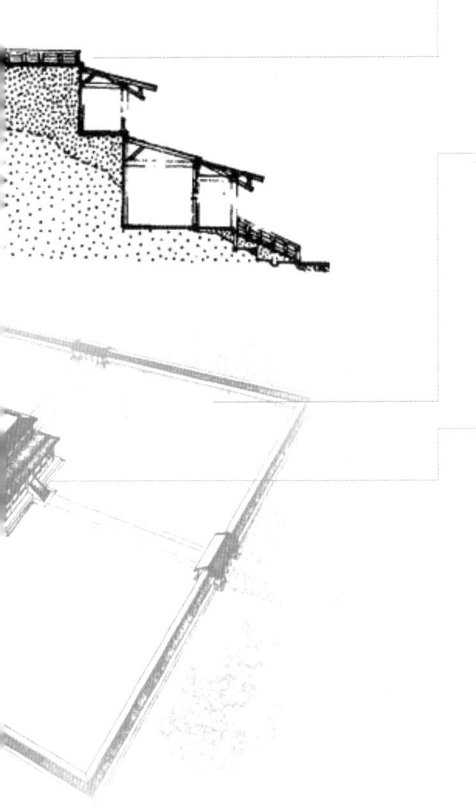

高台的中间顶部台面基本平整，略呈椭圆形。南北残长 11.7 米，东西残宽 8.5 米。灵台顶部应是观测天象、放置相关观测仪器的场所，其形制应是“上平无屋”。灵台四周的建筑，则是观测人员记录整理的衙署。

在夯土高台的四周，各有上、下两层建筑平台，平台之上均保存有殿堂或廊房建筑础石或柱槽以及砖砌地面等遗迹。其中下层平台外侧，还残存有用河卵石铺砌的“散水”遗迹。北面正中有坡道（或踏道）可通达上层平台，坡道两侧为回廊，东西各有 5 间以上，每间面阔 2.5 米，进深约 2 米。

四面建筑的墙壁上壁面先用草拌泥涂抹，东面房屋的墙壁涂成青色，西面为白色，南面为红色，北面为黑色。这种依方位的施粉方法，与古人崇拜四灵（东青龙、西白虎、南朱雀、北玄武）的习俗有关。

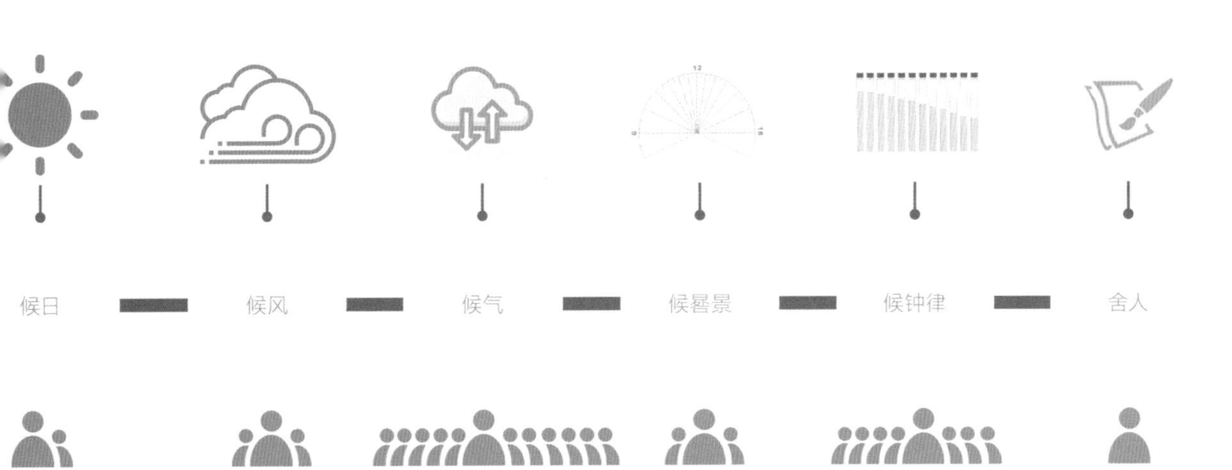

115

东汉时杰出的科学家张衡，在元初二年—永宁元年（115 年—120 年）、永建元年至阳嘉二年（126 年—133 年），先后两次任职太史令，亲自领导、主持和参与了灵台的天象观测和天文研究。其天象观测比哥白尼早 1000 多年。在长达十几年的岁月里，他仰观天象，察测风云，探索天地奥秘。

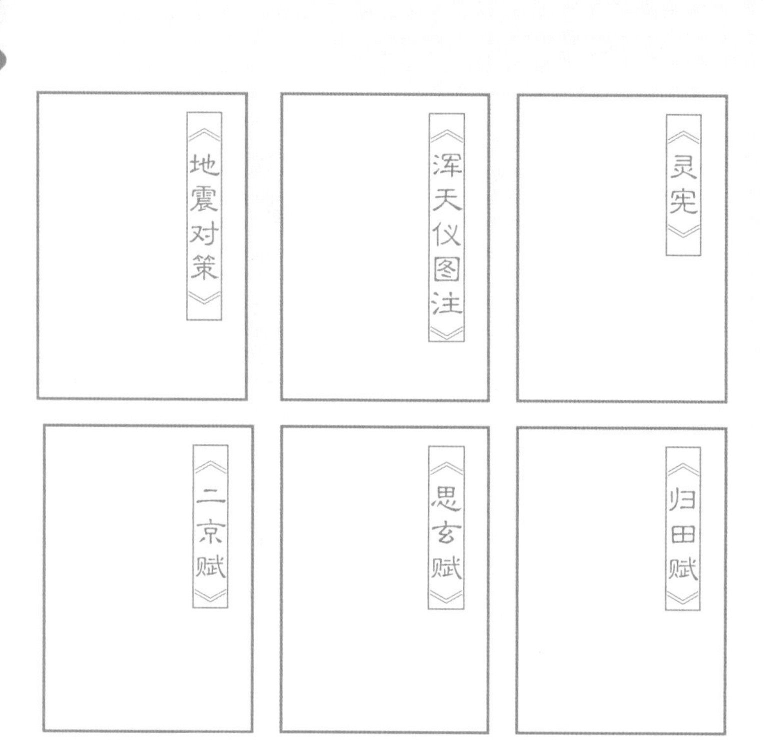

120

126

东汉以后，曹魏、西晋均以洛阳为都，也都沿用东汉灵台。从公元 1 世纪中到 4 世纪初，连续使用达 250 余年之久。灵台最终毁于西晋末年，地动仪、浑天仪等科学仪器被以铸造铜钱为名，烧毁在冶炼炉中。这无疑是中国科技史的巨大损失。

133

浑天仪　地动仪　瑞轮荚

计里鼓车　指南车　独飞木雕

世界观象台鼻祖

陶寺遗址位于今山西襄汾县城东北七八千米处，崇山西麓的陶寺、中梁、宋村、东坡沟和沟西等村之间。东西长约 2000 米，南北宽约 1500 米，总面积约 300 万平方米，是个超大型遗址。陶寺古观象台是文化遗址的一部分，是迄今发现的最大的陶寺文化单体建筑。其建筑形状十分奇特，结构复杂，附属建筑设施多，可能因其集观测与祭祀功能于一体，建筑的规模及其气势，以及基坑处理的工程浩大，都令人叹为观止。经由考古专家和天文学家的一再推断，陶寺文化遗址被国家文物部门定为国家级的重大考古发现。古观象台的考证使“历象日月星辰，敬授人时”这一古老记载有据可考。从时间线来看，这座观象台形成于公元前 2100 年的原始社会末期，无疑是我国乃至世界观象台的鼻祖。

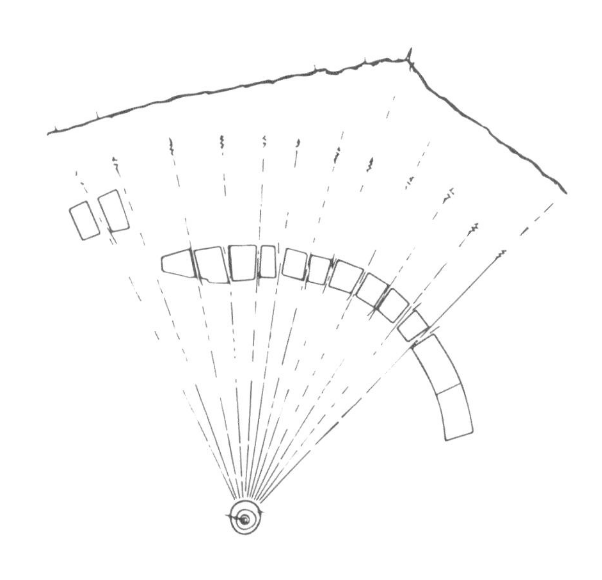

我们可以看到有一座直径约 50 米的半圆形建筑，面积约为 1400 平方米，为三层夯力结构。台座顶部有一个半圆形观测台，以观测台为圆心，由西向东方向呈扇状排列着 13 个土坑，与之相对应有 13 根土柱。古人利用两根土柱之间的 12 道缝隙来观测正东方向的塔儿山日出，半径 10.5 米，弧长 19.5 米。从观测点通过土柱狭缝观测塔尔山日出方位，确定季节、节气，安排农耕。考古队在原址复制模型进行模拟实测，从第 2 个狭缝看到日出为冬至日，第 12 个狭缝看到日出为夏至日，第 7 个狭缝看到日出为春、秋分日。

在世界各地我们都可以看到古代天文和气象观测的遗迹。或许还有诸多争议，但并不妨碍这些公元前的古遗迹闪现远古时期人类的科技文明之光。

公元前 3200 年

大约建造于新石器时代的公元前 3200 年。心形的墓堆由 97 块镶边石块围成，镶边石上雕刻有许多谜一般的图案。在冬至那天的黎明，会有一束阳光穿过顶部开口射入墓室。随着太阳的升高，阳光充满整个墓室。这一奇特的现象持续 17 分钟左右。一圈 12 块竖立的巨石围绕着纽格莱奇墓。石圈的用途目前并不清楚，但天文学家们普遍认为这具有明确的天文用途。但无论怎样，石圈都是纽格莱奇墓建造的最后一步。结合天文学上的研究，从这个现象可以得知纽格莱奇墓的建造比埃及金字塔早约 500 年，比巨石阵早约 1000 年。

爱尔兰纽格莱奇墓

位于英国伦敦西南 100 多千米的巨阵，是欧洲著名的史前时代文化神庙遗位于英格兰威尔特郡索尔兹伯里平原。国考古学家研究发现，巨石阵比较准确建造年代在公元前 2300 年左右。巨石不仅在建筑学史上具有的重要地位，在

英国巨石阵

公元前 300 年

著名的秘鲁石塔，在大约建于公元前 300 年的查基洛遗址上，存在着美洲最为古老的太阳观测台。依据 2007 年的一项研究，秘鲁查基洛观测台可能是西半球最古老的太阳观测台，其历史可追溯至公元前 300 年。查基洛的 13 座石塔上的拱弓是用于太阳观测，是秘鲁卡马塞钦（Casma-Sechin）河流域祭祀中心的一部分。它们是在该中心一个山 丘上从北向南修建的。东西两边的地点有已知的祭祀物装饰，是可能的观测场所。

秘鲁查基洛观测台

公元前 2300 年

学上也同样有着重大的意义：它的主轴、通往石柱的古道和夏至日早晨初升的阳，在同一条线上；另外，其中还有两石头的连线指向冬至日落的方向。因此，们猜测，这很可能是远古人类为观测天象建造的，可以算是天文台最早的雏形了。

二　司天台遥望紫金山

溯源北京古观象台

世界上现存最古老的天文台之一

拂云朱槛捧昭回，静对铜浑水镜开。
太史只知频奏瑞，苍生无计可防灾。
景公进德星曾退，汉帝推诚日为回。
何事旷官全不语，好天良月锁高台。

（唐）李山甫

郭守敬

北京古观象台是中国国家级文化遗址之一，常被外国游客称为“隐藏的宝石”。早在元朝至元十六年（1279 年），元代天文学家王恂、郭守敬等就在建国门观象台北侧建立了一座司天台。新司天台长约 250 米，宽约 180 米，主体建筑称为灵台，高约 17 米，最高处平台的顶部是天文观测场所，主要仪器是简仪和仰仪。灵台中下部环绕着一组双层建筑。底层是太史院行政办公署，二层是司天台科研工作室。主体建筑的左方有一座比中央灵台稍小的观测台，台上有精致的玲珑仪。主体建筑右侧，是雄伟的四十尺高表和长长的石圭。郭守敬还主持了历史上规模最大的天文大地测量，精确测算了回归年长度，并且编撰了授时历。

司天台遗址

司天台高表

明朝建立后，于明正统七年（1442 年）在元大都城墙东南角楼旧址上修建了观星台。至此，观星台和其附属建筑群已颇具规模。作为明清两代皇家天文台，北京古观象台台体高约 14 米，台顶南北长 20.4 米，东西长 23.9 米，建筑、院落完整，仪器配套齐全。 1644 年，清政权建立之后，改观星台为观象台，并接受汤若望的建议，改用欧洲天文学的方法计算历书。1669 年—1674 年，由康熙皇帝授命，南怀仁设计和监造了 6 架新的天文仪

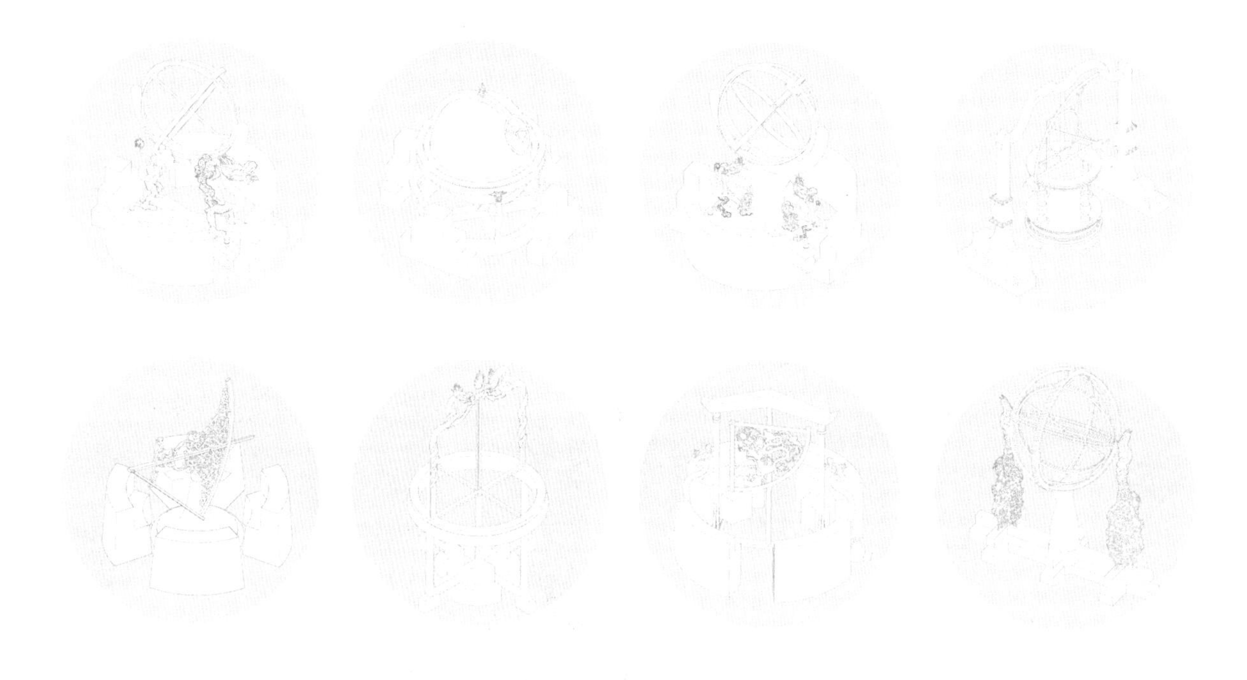

器：赤道经纬仪、黄道经纬仪、地平经仪、象限仪、纪限仪和天体仪。康熙五十四年（1715 年），纪理安设计制造了地平经纬仪。乾隆九年（1744 年），乾隆皇帝又下令按照中国传统的浑仪再造一架新的仪器，命名为玑衡抚辰仪。至此，我们今天所看到的 8 架古代观象仪器悉数到位，成为了跨越 5 个世纪的存在。

明清古观象台

这座古观象台不仅承载了千百年的风雨，也历经劫难。1900 年，八国联军侵入北京，德、法两国侵略者曾把这 8 件仪器连同台下的浑仪、简仪平分，各劫走 5 件。法国将仪器运至法国驻华大使馆，后在 1902 年归还。德国则将仪器运至波茨坦离宫展出，在第一次世界大战后，根据凡尔赛和约规定，于 1921 年装运回国，重新安置在观象台上。1931 年，抗日战争爆发后，日本侵略者进逼北京，为保护文物，政府将置于台下的浑仪、简仪、漏壶等 7 件仪器运往南京。现这 7 架仪器在分别陈列于紫金山天文台和南京博物院。

紫金山天文台旧址位于南京市玄武区紫金山第三峰上，是中国最著名的天文台之一，中国自己建立的第一个现代天文学研究机构，前身是成立于 1928 年 2 月的国立中央研究院天文研究所紫金山天文台。由于它的建筑美轮美奂、仪器名贵、图书丰富，在国内外颇负盛名，当时有“东亚第一”之称。

从司天台的溯源，到最终与紫金山渊源，从明正统年间建台时算起，到 1929 年结束天文观测，曾连续观天近 500 年，创下了世界同一地点连续观测最久的历史纪录。它陈列的大型仪器之多，保护之完整，在世界现存古观象台遗址中也是首屈一指的。北京天文台这座现存最早的古观象台是中国给世界的馈赠。

最早的现代气候观测站

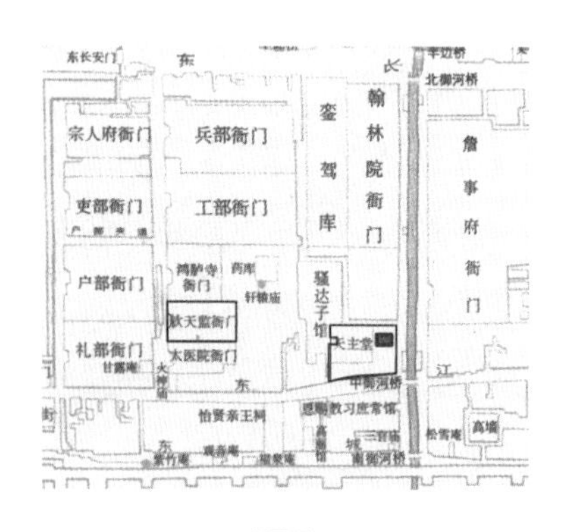

北京地磁气象台

道光二十九年，俄国东正教教会在圣玛利亚教堂附近正式将1841年筹建的测候所扩建为地磁气象台。这是外国教会组织在中国创建的第一个气象台，也是中国最早使用近代气象仪器连续进行观测的气象台站。

我国最早定时、系统的气象观测始于清道光二十一年（1841年），俄国东正教会组织在北京开始对气压、气温、湿度、风向、雨/雪量、天空状况等天气要素进行连续观测。1849年俄国东正教会正式建立“北京地磁气象台”（39°57′N，116°29′），当时的钦天监衙门（办公场所）与之相近。

上海徐家汇观象台

由法国教会建立于1872年，中国唯一的“世纪气候站”。作为全球第一批开始从事气象工作的机构之一，徐家汇观象台的连续观测为我国和全球气象预报及气候变化研究提供了宝贵的气象资料。“1872年12月1日，徐家汇最低气温为4.8℃，最高气温为16.9℃。”这一年，法国传教士高龙鞶创建了徐家汇观象台，并在观测日志上记下了上述内容，从此开启了上海地区连续140余年气象观测记录的篇章。1879年，观象台首次较准确地做出了台风预报，揭开了天气预报的序幕。1895年，在这里，中国首张东亚地面天气图诞生了。1900年，观象台新楼落成，逐渐成为集气象、天文、地磁为一体，既做基础研究又具服务性的科研机构。

香港天文台

由英国政府建立于1883年。最初是由英国皇家学会于1879年提出。皇家学会认为香港的地理位置甚佳，“是研究气象，尤其是台风的理想地点”。事实上，随着香港人口逐渐增加，台风造成的破坏已广受社会所关注。香港政府亦对皇家学会的建议表示欢迎。经过详细的探讨和研究后，皇家学会的建议最终在1882年获接纳。第一任天文司（即首任天文台台长）杜伯克博士（Dr. Doberck）于1883年夏天抵港，香港天文台亦于同年建立。

台北测候所

由日本中央气象台建立于 1896 年。据当时的气象台设置，始于 1896 年 3 月公布的“台湾总督府测候所官制”。1896 年 7 月公布台北、台中、台南、恒春、澎湖五处测候所名称与位置，并由台北测候所统筹全台气象事业。测候所最初皆借用临时房舍，之后才建造专门的气象观测建筑。

青岛观象台

由德国海军建立于 1898 年。1898 年德国海军港务测量部在馆陶路 1 号建气象天文测量所，1905 年改称“皇家青岛观象台”。是近代远东三大观象台之一，在近代中国气象、海洋科学发展史上占有很重要的地位。青岛观象台主楼共 7 层，高 21.6 米，位于黄海之滨、胶州湾畔，风景秀丽的避暑胜地——青岛市区海拔 75 米的观象山巅。

哈尔滨测候所

由俄国“中东铁路建设局”建立于 1898 年。黑龙江古代天象监测起步于唐宋时期，1898 年 5 月 8 日俄国在哈尔滨建设气象测候所，这便是黑龙江气象观测的开始。

三　解构

跨越五世纪的气象仪器

八台大型青铜天文仪器：玑衡抚辰仪、象限仪、天体仪、黄道经纬仪、地平经仪、地平经纬仪、纪限仪、赤道经纬仪

玑衡抚辰仪（赤道浑天仪）

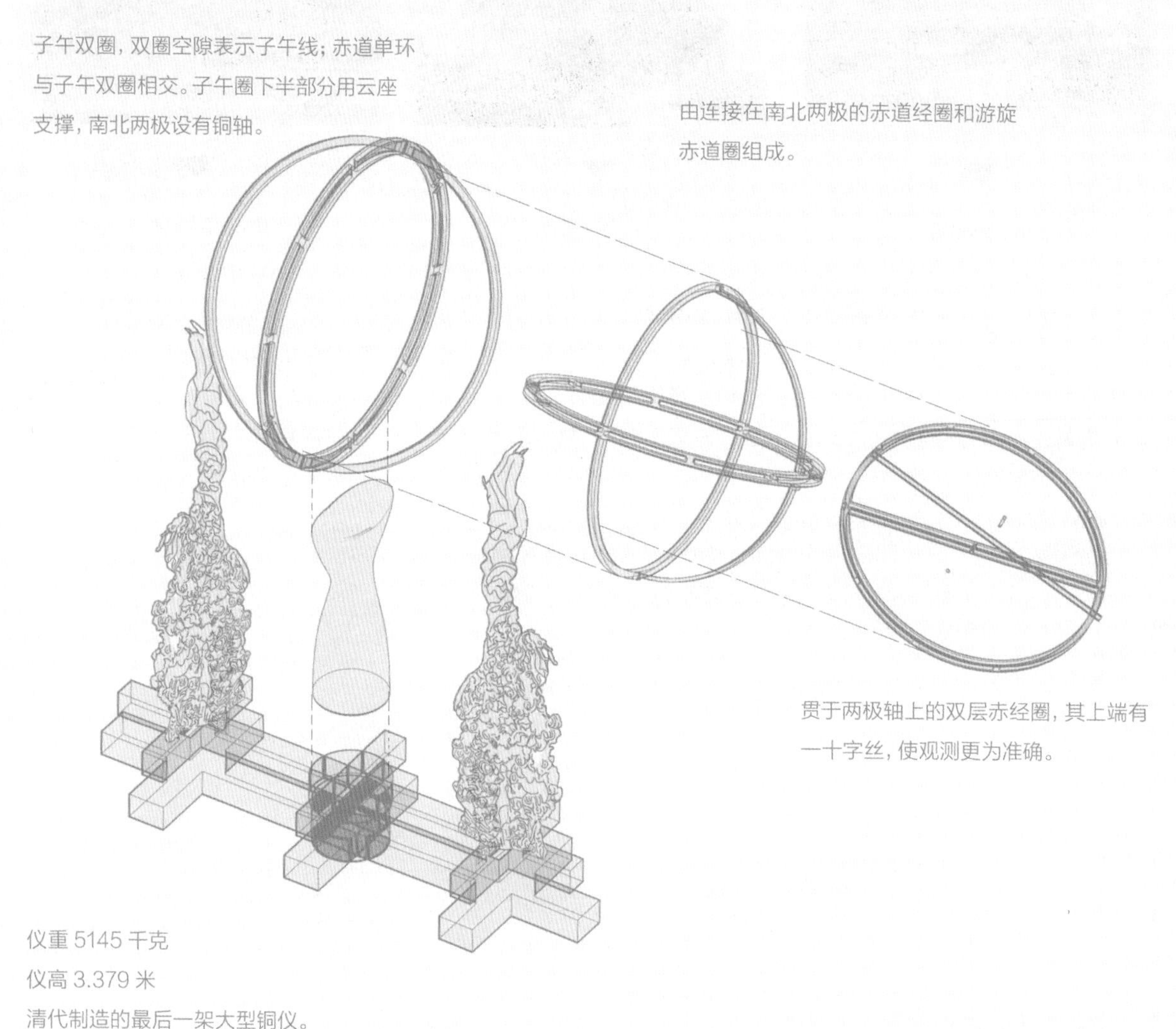

子午双圈，双圈空隙表示子午线；赤道单环与子午双圈相交。子午圈下半部分用云座支撑，南北两极设有铜轴。
由连接在南北两极的赤道经圈和游旋赤道圈组成。
贯于两极轴上的双层赤经圈，其上端有一十字丝，使观测更为准确。
仪重 5145 千克
仪高 3.379 米
清代制造的最后一架大型铜仪。

纪限仪（六分仪）

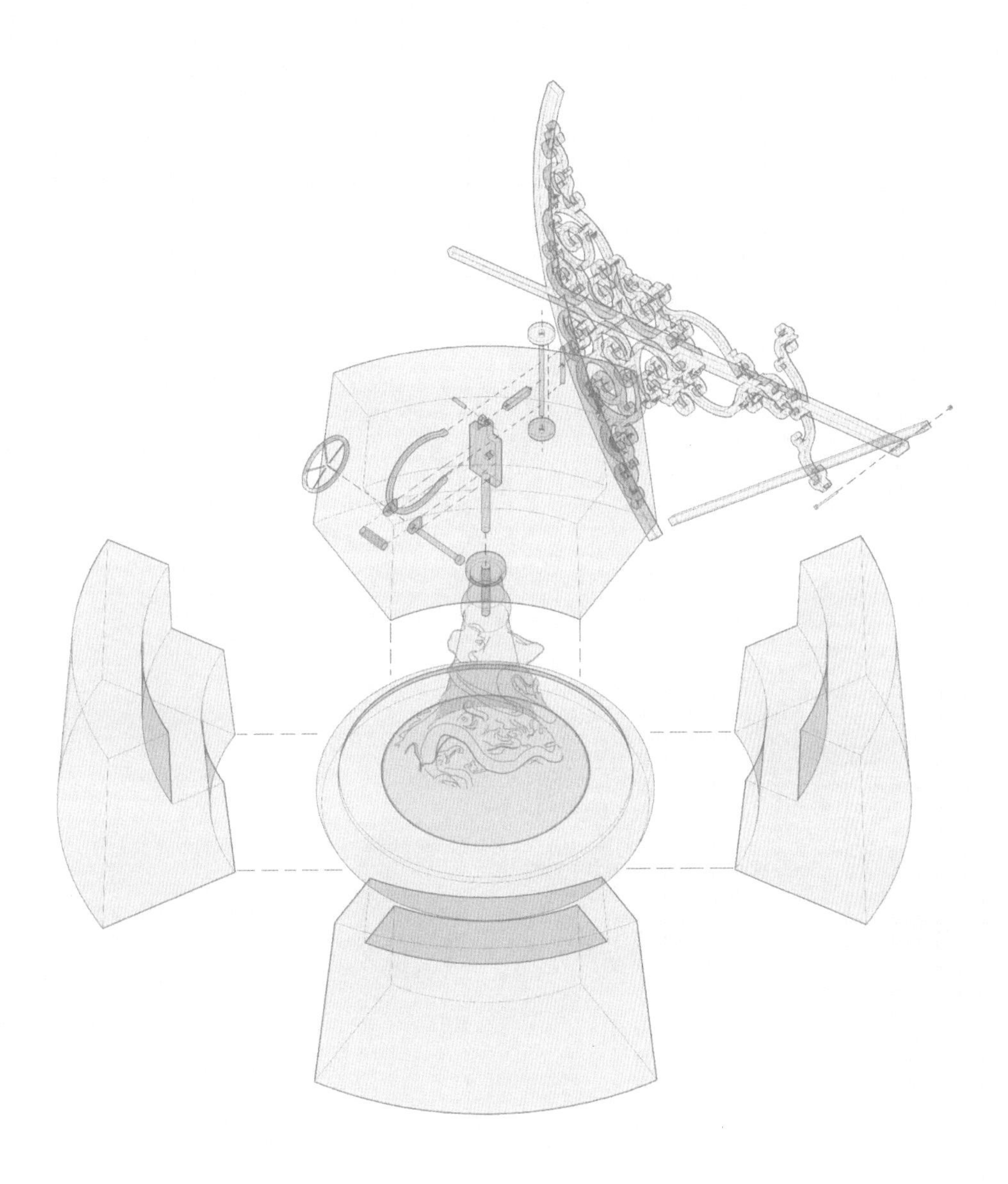

仪重 802 千克

仪高 3.274 米

用来测定 60 度内两星之间的角距离。

黄道经纬仪

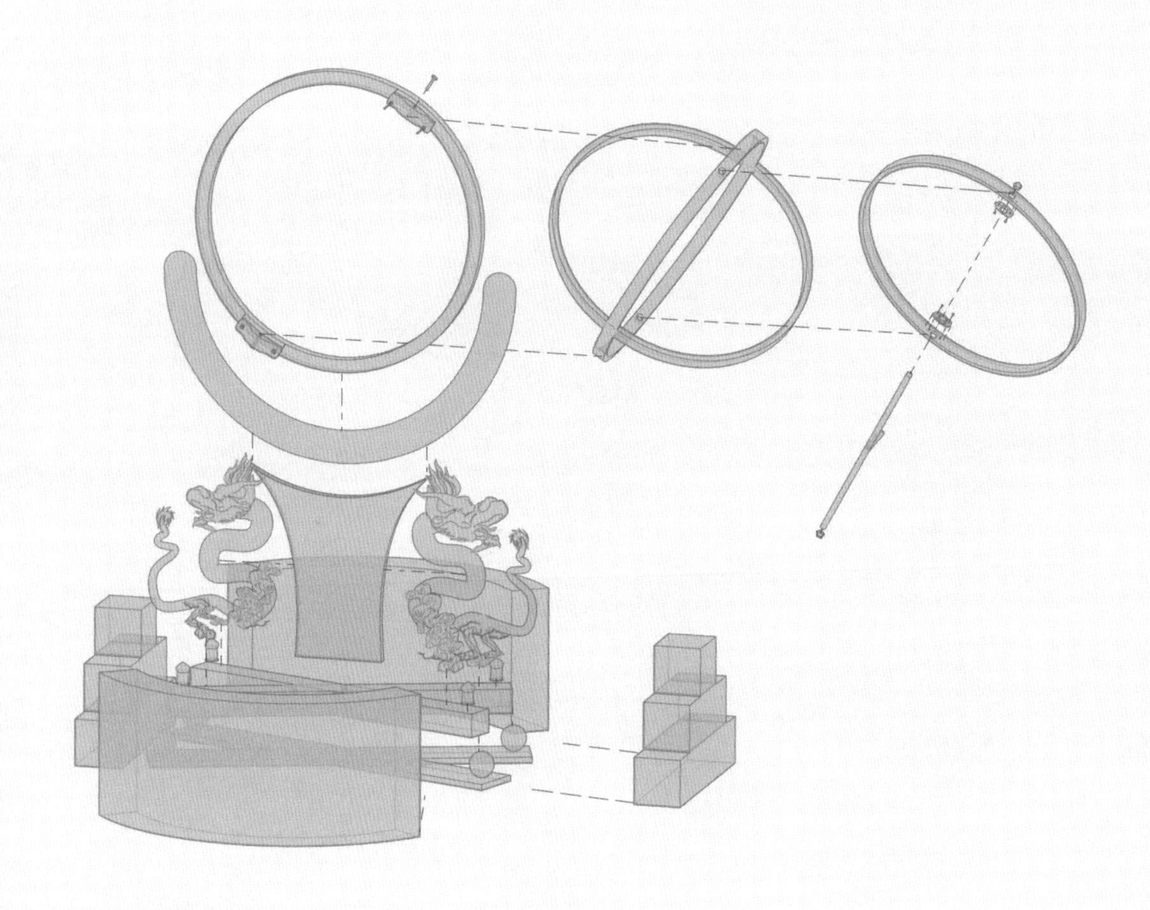

仪重 2752 千克

仪高 3.492 米

它是我国第一台独立框架黄道坐标系观测仪器。用于测量天体的黄道经度和纬度以及测定二十四节气。

地平经纬仪

仪重 7368 千克

仪高 4.125 米

此仪集地平经仪和象限仪的构造与作用于一体，所不同的是，将象限弧向上，游表不用夹缝方法，而采用游表两端各开一窥孔的方法，装饰上与前两架仪器有所不同，它是古观象台唯一采用西方文艺复兴时期法国式艺术装饰的天文仪器。使用时减少了由于两架仪器测量所带来的误差。

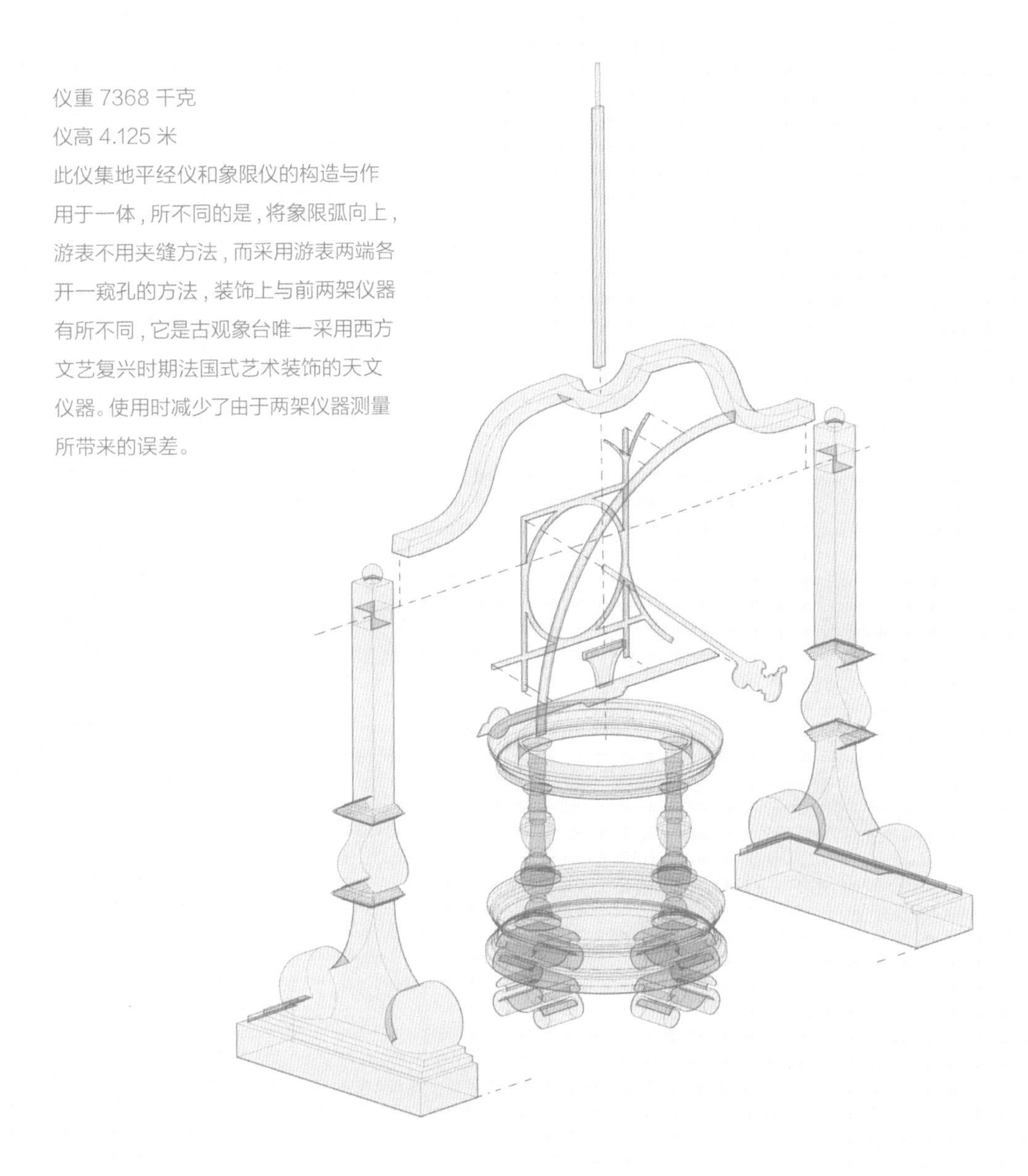

地平经仪

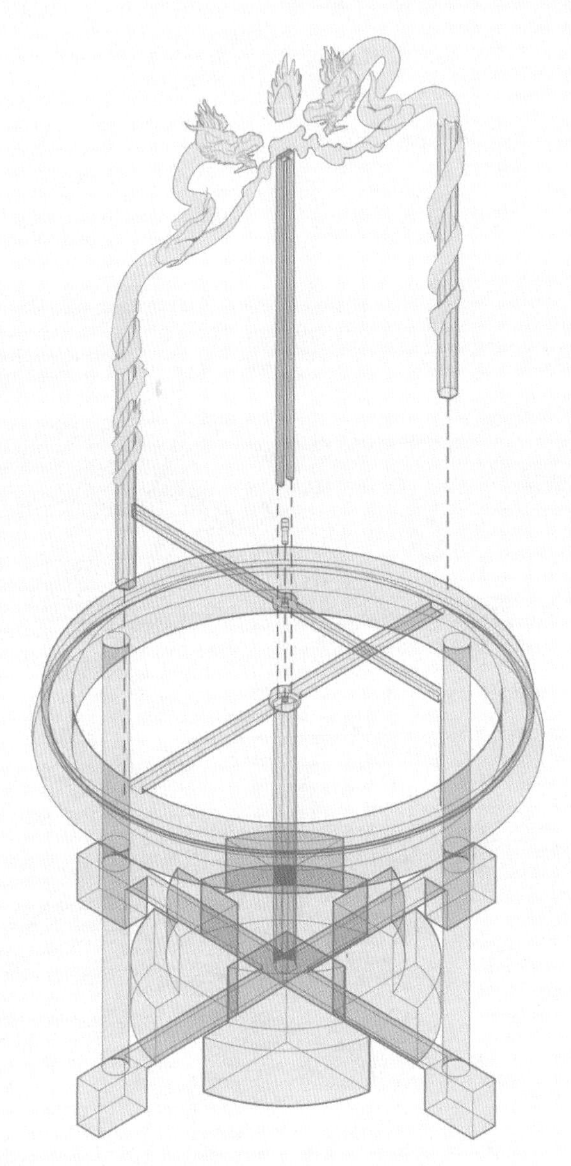

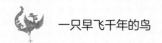

仪重 1811 千克
仪高 3.201 米
观测时，使待测天体与横表两端的线，和中心垂直在一个平面上，就可定出地平经度。

赤道经纬仪

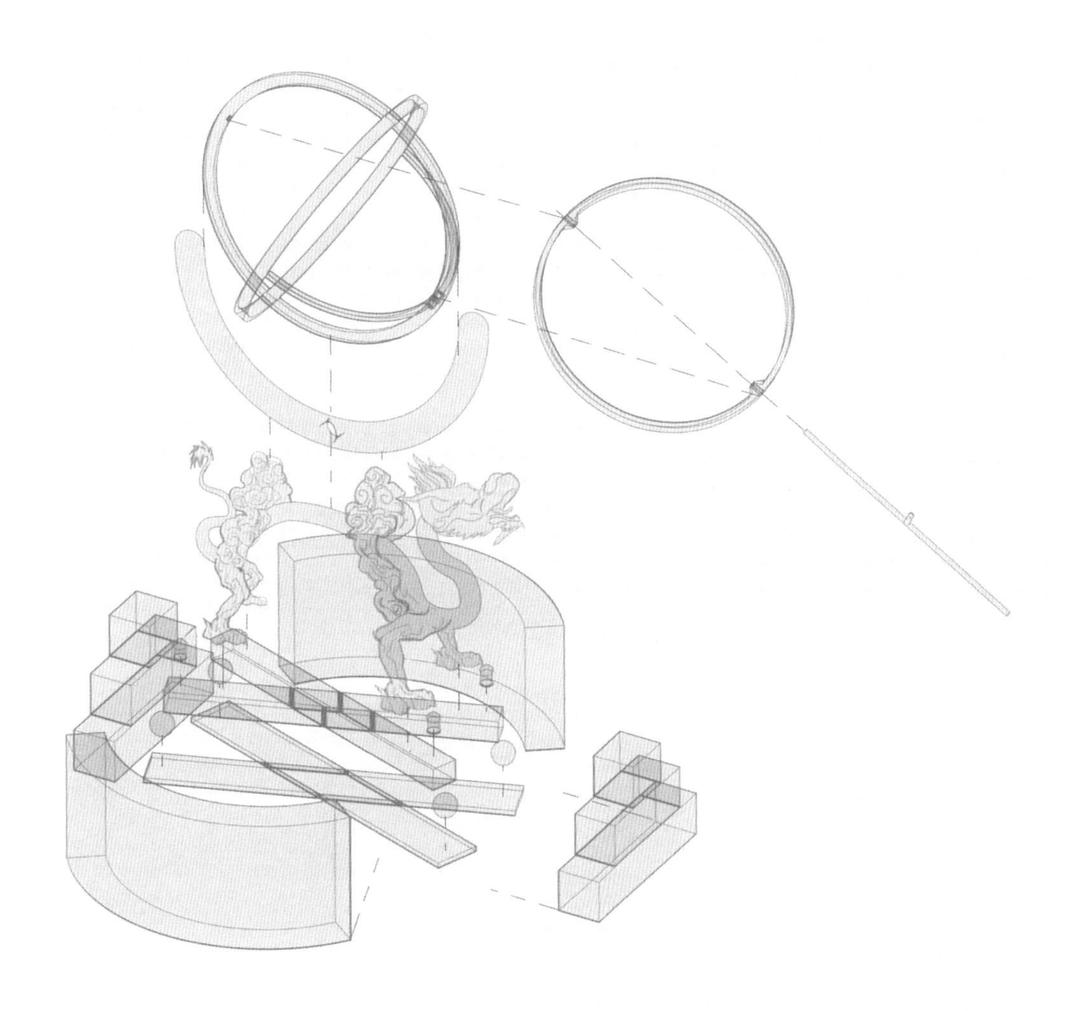

仪重 2720 千克

仪高 3.380 米

该仪是我国古代天文观测中经常使用的仪器，用途有十四项，主要用来测定真太阳时和天体的赤经、赤纬。

天球仪

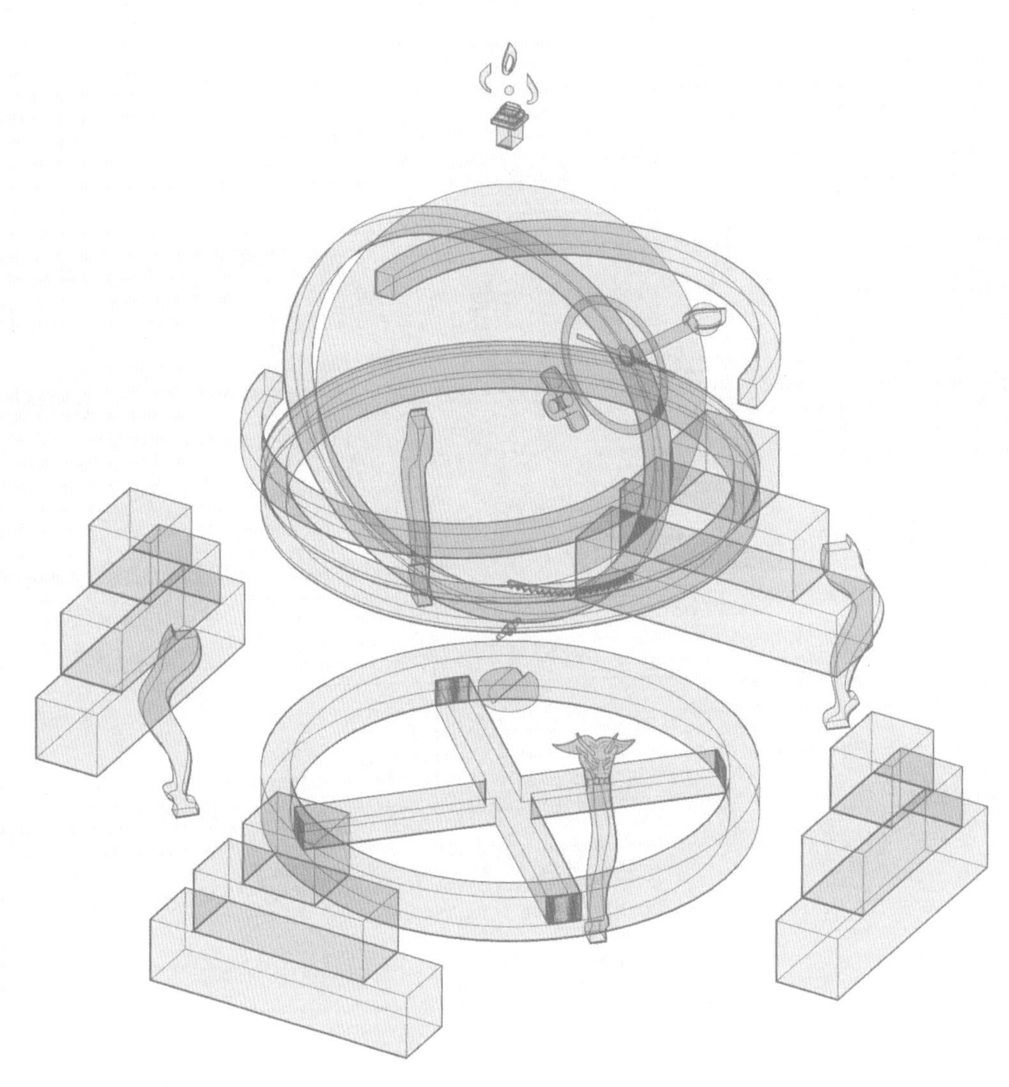

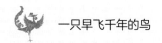

仪重 3850 千克
仪高 2.735 米
它主要用于黄道、赤道和地平三个坐标系统的相互换算以及演示日、月、星辰在天球上的视位置等。

象限仪（地平纬仪）

仪重 2483 千克

仪高 3.611 米

该仪器主要用于测量恒星在地平线上的距离或到天顶的距离。

北京古观象台是世界上古老的天文台之一，是古代天文、气象一体的最后一处观象台，自此之后天文和气象逐渐分为两支，而气象仪器、气象观象台也逐渐归于现代气象学范畴。

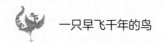

1669 年—1674 年，由康熙皇帝授命，南怀仁设计和监造了 6 架新的天文仪器：赤道经纬仪、黄道经纬仪、地平经仪、象限仪、纪限仪和天体仪。

康熙五十四年（1715年），纪理安设计制造了地平经纬仪。乾隆九年（1744年），乾隆皇帝又下令按照中国传统的浑仪再造一架新的仪器，命名为玑衡抚辰仪。

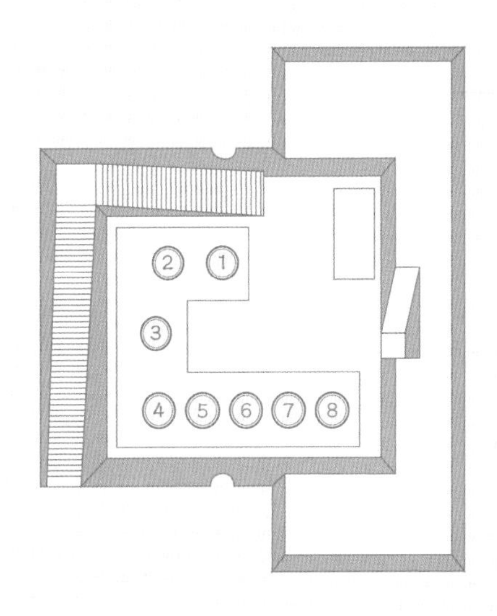

① 玑衡抚辰仪

② 象限仪

③ 天体仪

④ 黄道经纬仪

⑤ 地平经仪

⑥ 地平经纬仪

⑦ 纪限仪

⑧ 赤道经纬仪

天地有大美而不言，

四时有明法而不议，

万物有成理而不说。

阴阳四时运行，各得其序；

此之谓本根，可以观于天矣！

图片使用说明

特别感谢法国贝叶博物馆授权用图并供图。

为保证能准确地反映所描述的内容，本书图片主要为作者绘制，除注明来源部分，还有部分图片来自 Wikimedia commons 以及其他无特定版权声明的网页等处。排版过程中，作者和出版方对部分图片做了必要的技术处理。

因为时间、精力和网络条件所限制，本书作者和出版方无法核实并逐一联系图片的著作权人或代理人。如有对书中图片主张版权者，请持所据，联系清华大学出版社版权部或本书的责任编辑，一经核实，我们将按惯例给付图片使用稿酬。

特此说明，并对图片的创作者表示深深的感谢！同时，也提请读者在阅读和传播时加以注意。

2022 年 1 月